前 言

2001年发生的“9·11”事件是美国继“珍珠港事件”后遭受的最大打击，这次事件也为人们敲响了预防恐怖主义袭击的警钟。近年来，我国也发生了多起由恐怖组织策划的暴力恐怖袭击事件，恐怖主义离公众不再遥远，成为威胁全人类安全的一股邪恶势力。

尽管意识到反恐部队的价值和日渐重要的作用，但普通民众对反恐部队的相关运作知之甚少。本书旨在揭开反恐部队的神秘面纱，详尽地将反恐部队的构成、各国不同反恐部队的差异、使用的装备、采用的战术以及如何应对恐怖袭击等向读者一一道来。

根除恐怖主义没有捷径，尤其是许多恐怖组织打着宗教信仰的旗号，愈演愈烈。恐怖主义已成为整个国际社会面临的重大问题，希望通过本书，能为我国国内的反恐事业尤其是帮助读者认识恐怖主义和应对恐怖袭击提供有价值的参考。

朗仔玩军事

目录

CONTENTS

第一章　基础知识

第二章　抵御恐怖袭击

第三章　对抗恐怖袭击

目录

CONTENTS

第一章

基础知识

1
2
3
4
5

反恐与对付一般犯罪有什么不同

近年来，常常可以看到类似这样的报道：“某地遭遇恐怖袭击，疑似某某组织所为。”这些组织通常就是人们所说的恐怖组织。由于恐怖组织的袭击往往会给人们造成非常重大的伤害，是各国政府重点打击的对象，反恐也成为近年来重点关注的话题。

对一般人来说，似乎恐怖袭击与一些刑事犯罪并没有什么不同，但实际上两者却有着本质区别。

根据《中华人民共和国刑法》第 13 条对犯罪的一般定义，犯罪指的是“一切危害国家主权、领土完整和安全，分裂国家、颠覆人民民主专政的政权和推翻社会主义制度，破坏社会秩序和经济秩序，侵犯国有财产或者劳动群众集体所有的财产，侵犯公民私人所有的财产，侵犯公民的人身权利、民主权利和其他权利，以及其他危害社会的行为，依照法律应当受刑罚处罚的，都是犯罪，但是情节显著轻微危害不大的，不认为是犯罪。”

例如，犯罪组织常常会实施抢劫或绑架人质，从而勒索费用，但是由于他们的行为仅仅是为了追求个体利益，因此并不被视为恐怖主义。相反，如果这样的行为本身是由具有政治动机的组织来实施，则就可能被视为恐怖主义。

在对付犯罪行为的时候，一般都是交给警察来处理，就算罪犯十分凶恶，出动特种警察就足以制服他们，行动的最终目的是抓获罪犯，让其接受法律的制裁。而如果对象是恐怖分子的话，警察就要沦为配角了，专门负责反恐的特种部队将会接手案件，他们将会对恐怖分子进行致命打击。

犯罪行为与恐怖行为

犯罪行为		恐怖行为	
违犯刑法			具有政治目的
严重危害他人			攻击非战斗人员
严重危害社会			刻意制造恐慌

对付犯罪与反恐

对付犯罪		反恐	
谈判、劝说			抓捕
抓捕		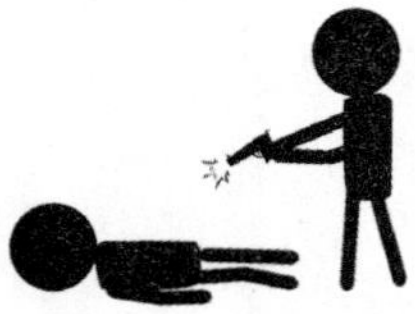	击毙
万不得已开枪			甚至战争

美国进行的“反恐战争”效果如何

20世纪70~80年代，恐怖主义逐渐成为影响国际稳定的不安因素，之后发生了“卢德国际机场扫射事件”“慕尼黑惨案”“罗杰尼希教生物恐怖攻击”等多次恐怖袭击事件。2001年9月11日，基地组织劫持了四架民航客机，撞向美国纽约的世界贸易中心，并撞损美国五角大楼部分建筑，这就是令世人震惊的“9·11”事件。

“9·11”事件发生以后，美国及其盟友发动了以“消灭国际恐怖主义”为目标的全球性战争，矛头率先指向了“9·11”事件的始作俑者基地组织，从而引发了针对基地组织和塔利班的阿富汗战争。这次战争中，美军推翻了塔利班在阿富汗的统治，并击毙了基地组织的首脑本·拉登。

战争爆发以后，许多战略家们都认为美国无疑会赢得这场战争。但是自美军开战以来，战场的情况却变得非常复杂，战争一次又一次地出现戏剧性变化，许多分析家们的预测都跟不上形势的发展。虽然美军在正面战场上迅速取胜，但当美军攻陷阿富汗首都喀布尔以后，塔利班在阿富汗的统治被瓦解，由于民族冲突、派别冲突、思想意识冲突导致的恐怖袭击事件不减反增。

新成立的阿富汗政府不仅没能把社会引向正轨，而且在恐怖势力面前节节败退，控制的国土不断缩小，总统被戏称为喀布尔市长。相反，塔利班势力则从最初的打击中恢复，控制了大部分国土，并转入巴基斯坦北部，大有东山再起之势。为此，美军不得不加大对塔利班组织的打击力度，但同时又因为这样引起了当地民众的反感，造成美军士兵不断伤亡。因此，许多人认为“美国在阿富汗战争中已经失败”。

美军在阿富汗战场的伤亡情况

美军在长达十余年的阿富汗战争中伤亡是巨大的，至少有2198名美国军人在阿富汗死亡，其中1819名美国军人是由于敌对行动而被杀死的，另有19899名美国军人在敌对行动中受伤。

引发了美国强力反恐的“9·11”事件

基地组织发动恐怖袭击，撞毁美国纽约世贸中心

美国发动阿富汗战争进行报复

击毙本·拉登

民族矛盾

派别矛盾

当地人的反美情绪

美国抛弃“反恐战争”的说法，意味着反恐战争失败

专门应对恐怖分子的单位

20 世纪中期以来，国际恐怖活动越来越猖獗，已成为威胁世界和平与安全的主要原因之一，为此世界各国纷纷组建了专门执行反恐活动的特种部队。据不完全统计，目前世界上近 60% 国家都拥有反恐部队。这些部队来源各有不同，或来自军队，或是警察，但相同的是，各国反恐特种部队均制订了严格选拔流程，并进行严酷训练，以确保队员具备的智力、身体及心理素质，成为合格反恐精英。在国际上一些重大劫持以及人质事件的解决上，反恐部队都发挥了十分重要的作用。

通常，负责执行反恐任务的部队有特种警察部队和军方的特种部队。相比之下，特种警察部队出动的频率更高一些，特种警察是警察或其他执法机构中的特种部队成员，与军事化的特种部队不同：特种警察部队专门负责高度危险性的警察任务，例如拯救人质、拘捕拥有强大火力的疑犯以至恐怖分子；特种警察通常接受过比一般警察更为严格的训练，武器及装备也比一般执法单位更加先进，并拥有重型武器。

世界上比较有名的反恐部队有美国的“蓝光”反恐怖特种部队、以色列“野小子”特种部队、德国联邦警察第九国境守备队、香港警察特别任务连、日本警察厅的特殊急袭部队等。

可以说，特种警察部队是各国、各地区为了应对恐怖活动而专门成立的单位，应对普通的犯罪行为一般不会动用。不过，如果恐怖分子的人数较多，恐怖活动影响比较大，政府在派遣反恐部队的时候就需要斟酌了，很可能出动军方特种部队采取军事行动来对付恐怖分子。

以色列“野小子”特种部队，绰号沙漠“野小子”。“野小子”在希伯莱语中意为“剽悍、强壮、勇于冒险、敢于战胜困难的人”。1957 年正式成立，规模有 500 人左右。这支部队直属于总参谋部领导，被誉为“总参谋部之子”。

隶属于警方和军方的反恐部队

反恐部队

- 特种警察部队
  - 隶属于警察系统或其他执法单位
  - 人员来自警察或军队
  - 接受半军事化训练
  - 专门负责反恐
- 军方特种部队
  - 隶属于军方
  - 人员来自军队
  - 接受严格的军事训练
  - 必要时出动消灭恐怖分子

特种警察与反恐作战

在20世纪五六十年代以前，各国的执法部门中并没有特种警察这一说，恐怖活动和其他刑事犯罪一样，都是由常规警察去应对的。20世纪50年代以后，恐怖主义在一些国家蔓延，尤其是当时的欧洲，发生了多次因为地域冲突而引起的恐怖袭击，如慕尼黑事件，来自巴勒斯坦的恐怖分子劫持了9名以色列运动员作为人质。当时联邦德国调用常规警察进行营救，但营救失败，过程中击毙了5名恐怖分子，9名人质全部丧生。惨案发生后，联邦德国内务部长汉斯·迪特里希·根舍委托乌尔里希·魏格纳成立一支强有力的反恐部队，这就是后来的德国联邦警察第九边防大队。与德国的情况类似，其他不少国家大多是在遭遇恐怖活动以后，纷纷成立了自己的特种警察部队，专职进行反恐作战，如日本的特殊急袭部队、以色列的国境警察特勤队、法国国家宪兵干预队等。

这些特种警察部队在成立后都参加了不少反恐作战，1977年10月13日，解放巴勒斯坦人民阵线的4名成员将汉莎航空的一架波音737客机劫持至摩加迪沙。联邦德国派遣了第九边防大队的30名队员组成突击队，准备武力营救。突击队在附近的军用机场集结，等待出击。10月17日，突击队员秘密前往摩加迪沙机场侦察，当日凌晨开始营救行动。

营救过程中，突击队员同时打开两个紧急出口，迅速冲入飞机中用德语命令乘客和机组人员趴下，射杀两名恐怖分子，并制服了其余两人，整个行动中仅有4名人质轻伤，1名突击队员轻伤，营救非常顺利。

慕尼黑事件

1972年9月5日于第20届夏季奥运会举办期间发生在联邦德国慕尼黑的一次恐怖袭击事件，策划者是巴勒斯坦武装组织“黑色九月”，袭击对象是参加奥运会的以色列代表团，结果在营救过程中警察出现严重失误，导致该代表团11人全部身亡。惨案之后，多国开始重视对于恐怖份子挟持人质事件的处理能力，并纷纷开始组织负责处理类似状况的军警单位。

普通警察与特种警察的差别

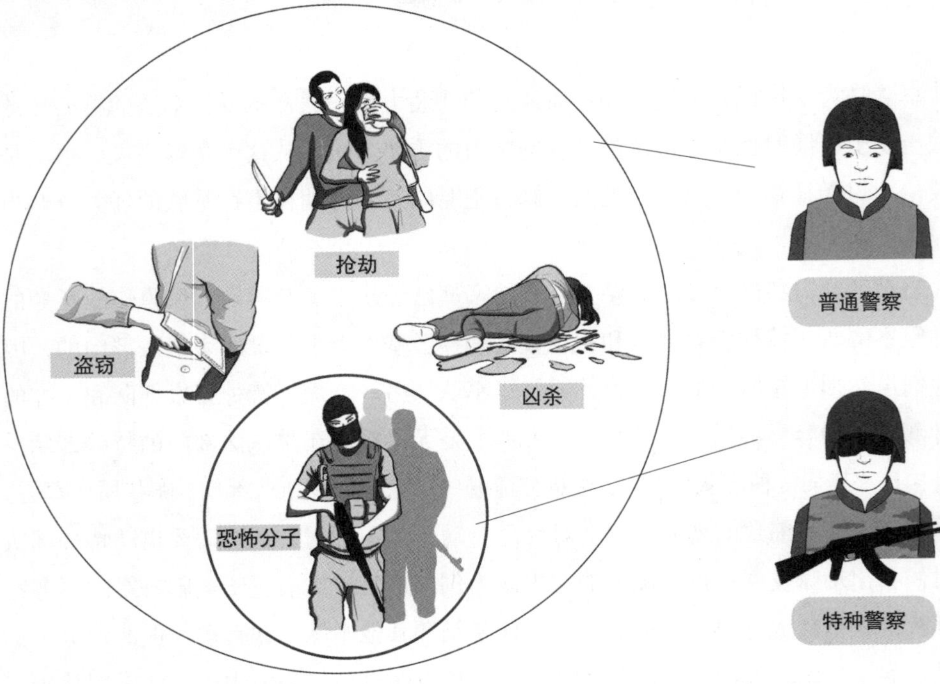

汉莎航空 181 号班机劫机事件

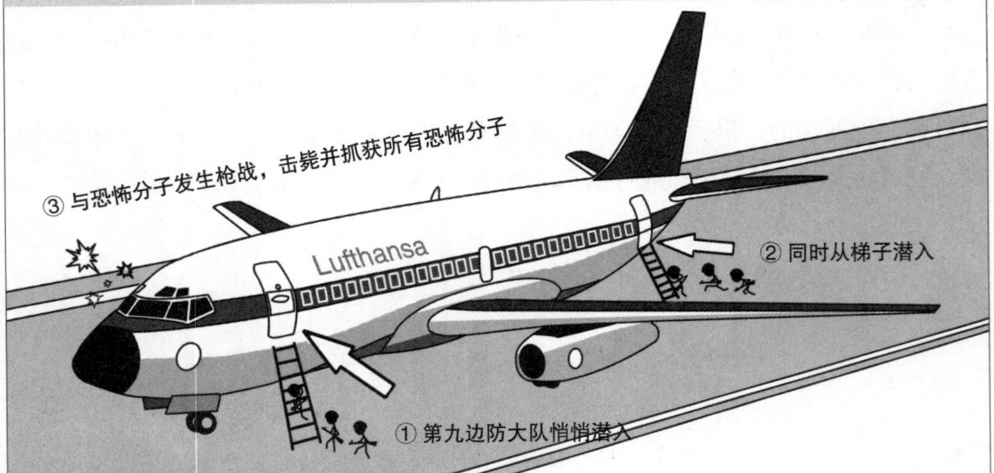

军队会参与反恐吗

军队是为了执行各种军事任务而建立的武装力量。通常来说，军队的首要任务是国土防卫，同时也是维持统治、宣扬国力的主要力量。从这个角度来说，军队是与政治大局相挂钩的。那么，类似于暴力犯罪的恐怖行动在不在军队的任务范畴当中呢？

前面已经提到过，目前世界上许多国家都已经建立了专门执行反恐作战任务的特种警察部队，特种警察部队和常规警察一样，基本上都是隶属于执法部门的，因此他们虽然形似军队，但实际上并不属于军队。另一方面，特种警察部队和军方的特种部队更加容易混淆，尤其是人们习惯上是无论军方还是执法部门的特种部队，都直接以“某某特种部队”称呼，很难分清哪些部队是属于执法部门，哪些属于军方。

那么，如此细致的划分会不会对反恐行动造成不利呢？真正需要出动特种部队的时候会出动哪支呢？以美国海豹突击队为例，这是一支隶属于美国海军的军方特种部队，在部队成立早期，他们的主要任务是和其他军队一起行动，但活动范围主要是近海、近湖以及河流沿岸等水域，专职负责在这样的环境中进行非常规战争、游击战、侦察作战。但是，随着反恐的势在必行，美国军方包括海豹突击队在内的许多特种部队都被赋予了一项新的职责——反恐作战。这并非是因为美国没有特种警察，而是美国在20世纪70~80年代面临的恐怖威胁并不像欧洲那么严重，加上现有的特种部队已经具备了很强的作战能力，能够直接参与反恐作战。

在美国发动的“反恐战争”中，海豹突击队曾多次参与执行任务，其中最有名的就是成功击毙了基地组织的首脑本·拉登的海豹突击队第6分队。

阿富汗战争属于美国反恐战争的一环，也标志着反恐战争的开始。这场战争的目的是逮捕本·拉登等基地组织成员并惩罚塔利班对其的支援，塔利班政府在2001年战争开始后不久便被推翻，本·拉登已于2011年5月1日被美军击毙。

军队的职责

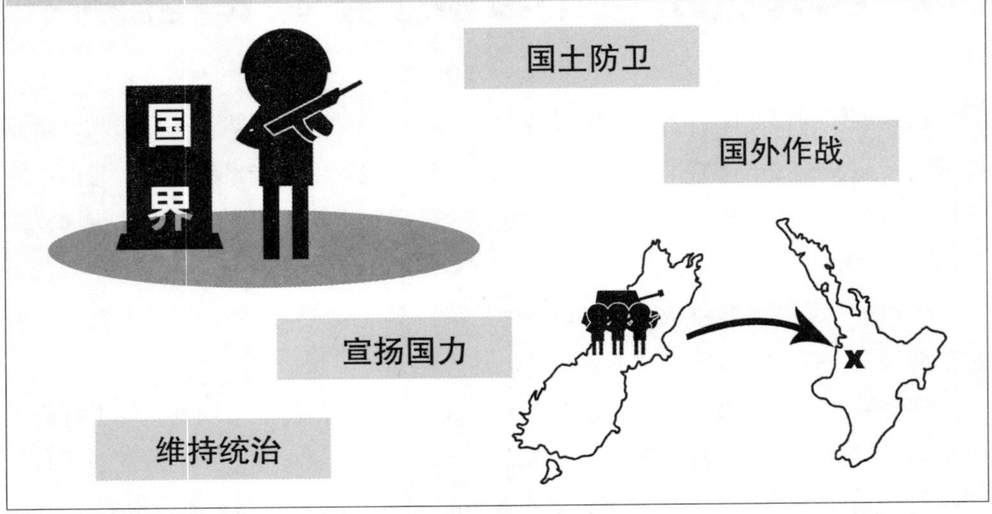

如今世界局势比较和平，军队同时负有守备、保安、灾难救援等责任

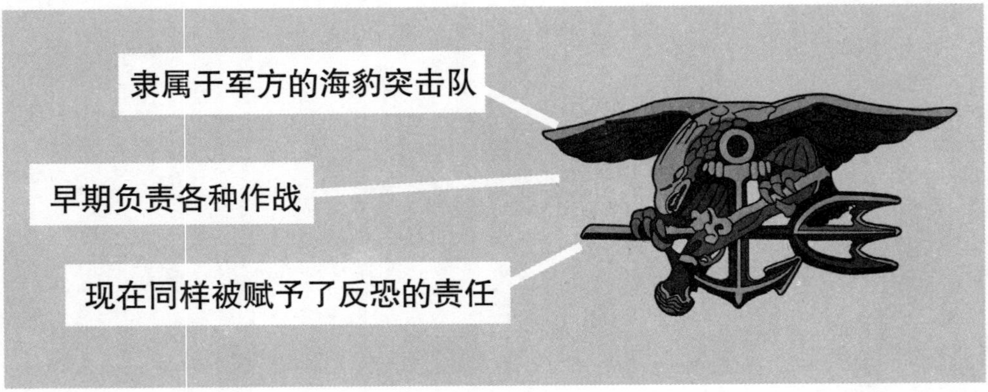

军队反恐作战与警察的区别

在许多影视作品中，无论是军方特种部队还是特种警察部队，一旦出动，就意味着一场激烈的枪战即将来临，实际中是不是这样呢？由于警察和军队本身的职能不同，前者是为了执法而存在，后者则是完全的武装力量，因此两者在执行同样的反恐任务时也有着明显区别。

行动中，是要逮捕还是射杀目标，这是特种警察最常面对的问题。尤其是负责进攻的警员，在面对穷凶极恶的罪犯（包括恐怖分子）时，很难抉择。因为使用枪械必须要遵从相关的规定。向目标射击后，事后会有专门的部门调查其射击行为是否正当。因此，就算是特种警察，也不能像电影里一样随意开枪。在涉及到拯救人质和扫荡毒贩的时候，常常需要冲进罪犯藏匿的地点，而这些疑犯也基本携带有武器。特种警察冲进去以后，如果并非紧急状况，开枪仍然是受限制的。毕竟特种警察执行任务的最终目的是逮捕罪犯，令其受到法律的制裁。而特种部队就没有这么多的限制和顾虑了，他们的行动多是以击毙目标为首要任务。

特种警察行动的基本原则是要逮捕疑犯，因此在行动中的最高目标是解决事件的同时无人伤亡。正因为如此，逮捕疑犯的任务在技术要求上要比射杀目标的任务高。但是这也并不意味着特种警察不会开枪击毙目标，在人质或者无辜群众生命安全受到严重威胁的时候，特种警察们则会改变行动方式，毫不犹豫地将目标击毙。也就是说，在执行任务的时候，特种警察要根据实际的情况，对行动策略进行有弹性的软硬变化。

电影和小说中常常会描绘警方与罪犯之间的激烈枪战，然而这多是为了追求作品的娱乐性。实际上，警方对使用枪械有着严格的限制，有不少警员到退休都没在外开过枪。

特种部队

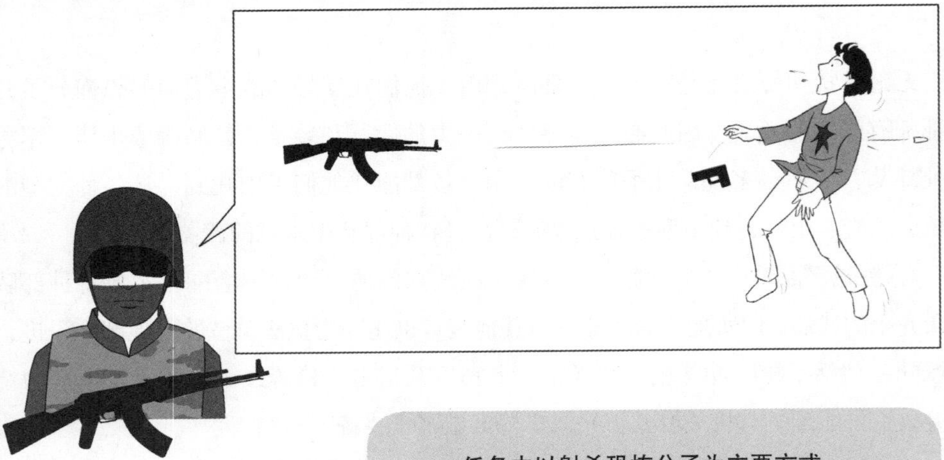

任务中以射杀恐怖分子为主要方式

特种警察

在执行任务的时候首先考虑的是要逮捕罪犯

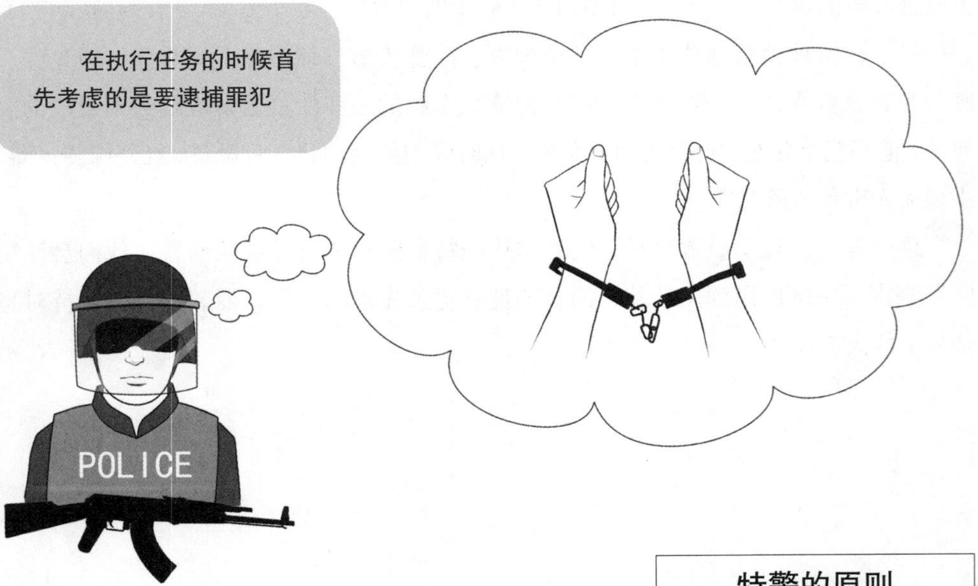

特警的原则

软性：无人伤亡地和平解决事件

硬性：在人质或无辜群众生命安全受到威胁的时候，也会击毙疑犯

反恐需要用到哪些装备

无论是特种警察还是军方特种部队，由于他们在反恐作战中遭遇的恐怖分子几乎都拥有强大的武装，因此必然需要以更强力的武器和装备将其制服或击毙。军方特种部队自然不必多说，几乎所有的军用装备都能在他们手中找到，从各种大型的舰艇、飞机、坦克，到小型的各式枪械，都是特种部队中常见的武器装备。

对特种警察来说，他们本身是隶属于执法部门的，通常不会配备军方特种部队那样齐全的武器，但所配备的武器以至其他装备也比同为执法单位的其他部门先进，枪械配备包括手枪、冲锋枪、霰弹枪、卡宾枪及狙击步枪等，部分国家及地区的特种警察更可能配备有机关枪及步兵战车等重型军事装备。

配备的各种枪械都有着自己专门的用途，像手枪是完全用于自卫的，冲锋枪和卡宾枪适合在空间狭小的室内作战，狙击步枪则用于占领制高点后对重点目标进行打击，霰弹枪可以用来破坏门锁或者近距离攻击。特种警察或特种部队使用的枪械有许多是专门定制的，如西方国家使用非常广泛的 M16 系列步枪，美国陆军、海军使用的都是基本型号 M16A2、M16A3、M16A4，而特种部队大多使用的是在此基础上改进而成的 M4 卡宾枪、Mk 4 Mod 0 这样特殊的型号。

另外，特种警察部队通常配备防弹衣、防弹头盔、催泪弹、烟雾弹、闪光弹、破门装备及夜视镜等，在攻击前用来摸清建筑物的一些侦察装备也是必不可少的。通常，他们会事先对目标区域进行侦察，这时候主要会用到窃听设备、红外探测仪器、小型无人机等装备。

总而言之，对于经常要参加反恐作战的特种警察和特种部队而言，他们会使用所有警察、军队使用到的装备，而且还拥有更加先进的新型武器装备，以保持对恐怖分子的火力优势。

反恐部队的装备

① 防弹头盔
② 防弹背心
③ 烟雾弹
④ MP7 冲锋枪
⑤ 闪光弹
⑥ 格洛克 23 毫米手枪
⑦ 催泪弹
⑧ 破门装备

近距离反恐作战

近年来，恐怖袭击事件频频发生，各国反恐形势日趋严峻。由于反恐作战与常规作战的形式不同，在很多时候，反恐部队成员不得不近距离面对凶残的恐怖分子。近距离作战也因此成为各国打击恐怖分子的主要方式。

近距离作战原本是指警察或军队在城乡环境中所采用的战术，它的历史可以追溯到冷兵器时期。如今，近距离作战指的是小团队在建筑物或范围有限的场地内与敌人对抗的战术，主要用于反恐作战。

什么样的作战环境称得上“近距离”呢？楼梯间、房间、走廊等都是近距离作战的典型环境，这些地方对恐怖分子而言是最佳的藏身之所，他们可以悄然发动偷袭，因此掌握在这类环境中作战的战术就显得尤为重要。近距离作战对团队合作要求极高，无论是枪口朝向、武器转换，还是团队成员之间的无声沟通，都能对作战效果产生影响，所有反恐部队成员都必须掌握这一技能。

“CQB 战术”就是典型的近距离作战形式。这套战斗技巧和战术与传统的野战、丛林作战等完全不同，而且多用在敌人指挥部、大楼、民居等室内环境，所以这种战术称为“室内近距离作战”。

需要注意的是，所谓近距离不光是指室内近距离作战，在野外环境下也会发生近距离作战。当恐怖分子袭击军队的时候，常常会选择在路边设置简易爆炸装置，然后潜伏在附近。一旦反恐部队的车辆路过爆炸装置时，恐怖分子会引爆炸弹制造混乱并发动攻击。这时候反恐部队队员就不得不在近距离和恐怖分子交战了。在伊拉克和阿富汗，这种战术被广泛使用，对以美国为首的多国部队造成了严重威胁。

要对抗类似的恐怖袭击，使用防护力极强的装甲车是目前最为有效的方法。一方面能够保障车内士兵的安全，另一方面配备了火炮、重型机枪等武器，能够在保护士兵的同时主动发起攻击。这并不意味着反恐部队就能凭借装甲车在近距离作战中占据上风了，因为恐怖分子还有别的袭击手段。通常，简易爆炸装置在对付装甲车的时候只是为了让它中埋伏，然后使用通过各种渠道获得的火箭筒发动攻击。火箭筒能够发射穿甲弹，足以对普通的装甲车辆构成威胁。因此，各国装甲车辆的防护不得不进行改进，比如改用防护力更强的复合装甲、在车辆四周安装格栅装甲、采用更加容易弹开火箭弹的倾斜装甲设计等。

野外近距离作战

很多反恐车辆四周会加装类似这样的格栅装甲，它最大的效果是能够提前引爆来袭的火箭弹

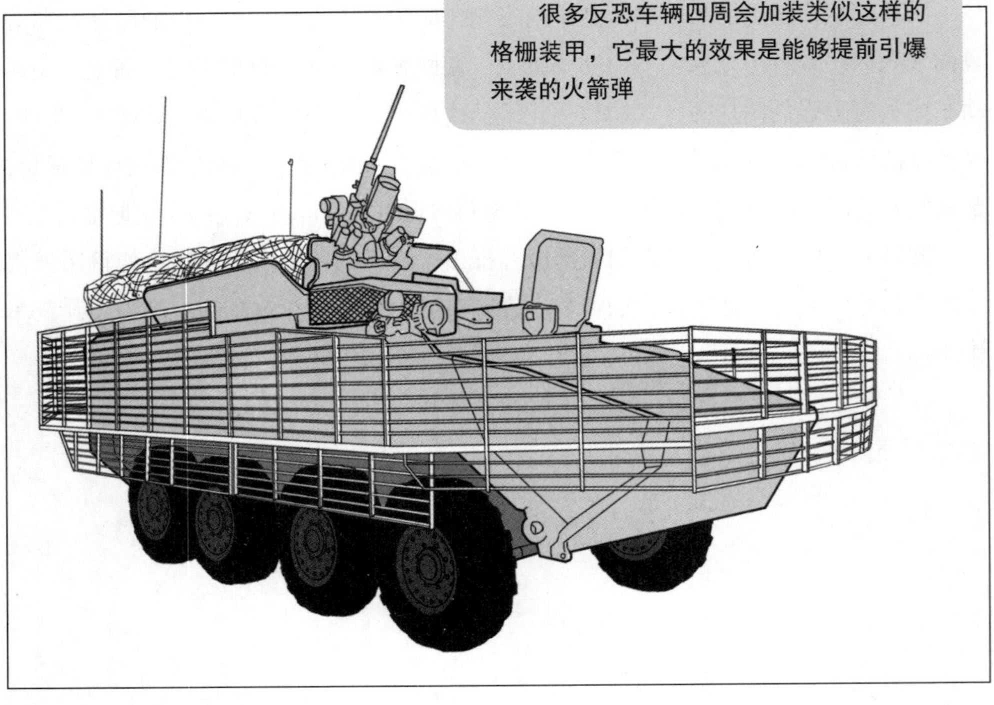

应对恐怖袭击的装甲车辆

这里所说的装甲车辆并不是坦克、步兵战车那样的军用作战车辆，而是一些增加了装甲防护，在遭遇恐怖袭击时可减小伤害的民用车辆。尤其是一些知名的政要或商人，他们是恐怖袭击或者暴力犯罪的重点攻击对象，如果出行可以乘坐防御此类攻击的车辆，无疑将大大降低风险。

这些提高了防御的车辆就是通常所说的防弹车。防弹车从设计、选材、防护制造都需要专门配备、生产，并具有一定的防御子弹、炮弹的能力，避免或减轻车内人员受到的伤害。防弹车的用户一般都是各国政界要员、商界巨贾、职业军警、特工及金融业、银行业等对出行安全防护要求较高的人员和机构。防弹车的首要卖点就是安全。因此，其造价相对于普通的民用车辆高很多，甚至可达民用豪华车辆的10倍以上。

防弹车的防护重点一般是在车门、发动机、变速箱、底盘、传动轴、车窗玻璃、缓冲等装置上，这些部分本身比较脆弱，以不同厚度的防弹陶瓷、防弹纤维、防弹玻璃等材料进行强化。尤其是防弹玻璃，是以多种材料叠加而成，最高等级的7级防弹玻璃能够抵御步枪的直接射击。

如果是总统之类的国家领导乘坐的车辆，防弹性能将更高。一般的设计是车身表面下的内层藏有十几厘米厚的防弹钢板、用防弹玻璃制成的车窗完全固定（比活动车窗具有更强的防护力）、防核生化武器的内层等。俄罗斯总统的防弹专车，不仅可以抵御AK–47突击步枪的火力，而且连小型的火箭弹都不会对它造成任何影响，最重要的是，该车的全身采用了防吸附式材料，可以有效应对敌人的小型地雷。

世界上一些知名汽车品牌如今都已经推出了自己的防弹汽车，这也使得防弹汽车不再是总统或者大使等高官的特权，许多有能力购买这类汽车的人都将防弹汽车作为自己的首选。

防弹车窗

防弹玻璃是由水晶、聚碳酸酯、聚乙烯等材料层层堆叠而成，各层中间会夹着聚乙烯，并用一种特殊加压熔炉烧结成一整块玻璃

装甲车底部

车辆容易被子弹所伤的部位很多，因此会用防弹材料强化这些地方。车厢周围的防弹强化重点在于车门铰链与底盘等处

传动系统的强化

加装防弹设备之后，车辆重量会增加1吨以上，因此若没有同时强化框架与传动系统，行驶性能就会变差。依据使用者的需求，还可另行加装炸弹侦测系统与摄像机系统等特殊装备

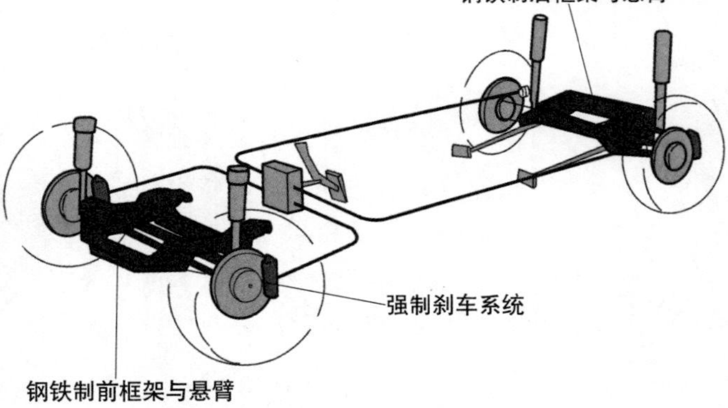

纽约市警察紧急勤务小组

纽约市是全球金融中心，更是联合国总部的所在地，除了外交官，还不时有各国政要到访。因此，在这个城市中，反恐是警察部门的首要任务之一。纽约市警局是美国最大的市警机构，也是全世界第二大的市警单位（仅次于东京警视厅），下辖超过 37000 名警察，负责纽约市 5 个行政区的治安工作，保护民众的安全。但是，如果出现紧急的反恐任务，一般警察是无法解决的，这时候就会出动纽约市警察紧急勤务小组（ESU）。

紧急勤务小组是纽约市警局十分独特的特勤单位，一般各大城市的特警单位只执行高危险的逮捕令或是人质救援等任务，但是纽约市警局的紧急勤务小组则还兼任紧急救援的任务。如飞机失事、火灾、建筑物倒塌等，都属于紧急勤务小组的任务范围。

紧急勤务小组真正开始执行反恐怖任务是从 1972 年的慕尼黑奥运会之后才开始的。慕尼黑事件的惨痛教训让世界各地的军警都开始成立专门的反恐怖单位，美国国内的警方这时也纷纷开始成立特警队，纽约市已经拥有紧急勤务小组，只不过需要加强装备和训练。

目前紧急勤务小组由 400 名警员组成，下辖炸弹处理、航空、港口、紧急勤务 4 个单位。平时这些单位会分成 10 组对纽约市范围内分辖区巡逻。各个辖区都配有 1 辆装有各种器材的重型卡车，以便处理各种状况，还配备了 4 辆无线电巡逻车，每车配备 2 名警员。

这些警员除了参与救援行动，还要进行战术训练。为了应对特殊状况，在每一组中通常会组成专门的战术小组进行战术突击或是执行高危险逮捕令等任务。

纽约市警察局规模时常变动，主要取决于犯罪率、政策以及可用的预算，总体的趋势是正式警官人数在不断减少。2004 年 6 月，共有 4 万正式警官以及数千支援力量；到了 2005 年 6 月，正式警官人数已经下降到了 3.5 万。2007 年 11 月，由于警察学校数个班的毕业生加入，情况稍有起色。

紧急勤务小组配备的重型卡车

紧急勤务小组配备的重型卡车，车上携带了各式各样的器材和装备，包括 MP5 冲锋枪、霰弹枪、狙击枪等武器，防弹衣、头盔等防护装备以及发电机、绳索、小艇、千斤顶等各式各样的救援装备

紧急勤务小组队员

紧急勤务小组队员，他们配备的武器和特种部队一样都是最先进的，特别的地方在于他们会携带警棍

专题：AK-47 为什么成为了恐怖主义的象征

AK–47 是苏联枪械专家卡拉什尼科夫研制的一种突击步枪。这种枪的性能十分可靠，故障率很低，广受好评。但是近年来，AK–47 突击步枪却成为恐怖分子最常用的武器，几乎被当做恐怖主义的象征。

AK–47 的流行，跟以前苏联在世界军火贸易市场的扩张有关。20 世纪 50 年代，苏联向华沙条约组织的成员国大量输送这种武器成品、图纸和生产线的同时，也开始开拓国际军火市场，主要针对第三世界国家。AK–47 的大量出口，成为苏联扩大影响力，跟美国竞争的手段之一。

20 世纪 70 年代，中东地区和印度、巴基斯坦都发生了危机。苏联的军火销量也从 60 年代的 2 亿美元，一路飙升到世界军火贸易总额的 35% 以上，到 80 年代更是高达 90 亿美元，一度成为世界头号军火出口国，其中 AK–47 占据了相当大的份额。

另一个原因是苏联在第二次世界大战中缺乏完备的兵工厂和训练有素的士兵，苏军对武器的标准也与其他国家不同。首先要求的是能用、易用，因此 AK–47 和现代军队使用的突击步枪不同，它原本的使用目的就是一种便宜的消耗品，甚至无需经过什么训练，只要扣动扳机发射枪弹即可。

这样一来，AK–47 突击步枪被出口到动乱地区之后，让这些地区的组织和居民获得了简单而廉价的杀人武器，促使这些本来只是种族械斗级别的冲突，迅速升级成为批量杀人的战争。在非洲一些常年战乱的国度，很多 AK–47 就是由年幼的少年兵在使用。当这些战乱地区的人开始转向恐怖主义，将他们仇恨的目标对准西方世界时，他们自然也就拿起了最顺手、也最容易获得的武器。

第二章

抵御恐怖袭击

威胁日益严重的核生化恐怖攻击（一）

随着国际恐怖主义活动方式和手段的不断发展，核生化攻击因其杀伤力强、行动隐蔽、影响范围广等特点成为恐怖主义活动的重要选择。恐怖组织或个人通过直接使用核生化武器，散布放射性物质、生物制剂和化学有毒有害物质，破坏核、生物及化学相关设施或威胁采取上述行动来达到某种政治目的。

核生化武器（nuclear biological and chemical weapons，简称NBC），即核武器（nuclear weapon）、生物武器（biological weapon）和化学武器（chemical weapons）的统称。这几种武器有一个共同的特征，就是都能造成大规模杀伤，是威力非常巨大、后果非常严重的武器。

在冷战时期，苏美双方几度险些爆发核战争，当时的核武器都处在严格的监管之下，加上外界不断塑造核武器的恐怖形象，核武器基本上只是作为一种威慑性力量存在，并未被直接用于战争。随着苏联解体，苏美之间全面的核战争不再可能，但也造成了另一个问题，对核武器的管理变得松散，导致了恐怖分子有可能通过某些渠道获得并使用核武器。

相比于核武器，人们对生物武器和化学武器的了解甚少。1995 年 3 月 20 日上午 7 时 50 分，东京地铁内发生了一起震惊世界的投毒事件。事件造成 13 人死亡，约 5500 人中毒，1036 人住院治疗。事件发生的当天，日本政府所在地及国会周围的几条地铁主干线被迫关闭，26 个地铁站受影响，东京交通陷入一片混乱。这次让人们知道了化学武器的恐怖之处，尤其是化学武器成本相对低廉，但造成的危害却十分严重。

·杀伤百万人的氯气

最早记录使用毒气的战争，可以追溯到公元前 429 年，在伯罗奔尼撒战争中，希腊的城邦斯巴达在和雅典作战时曾使用原始的化学武器。斯巴达人利用硫磺和松枝混合燃烧来制造毒气对雅典城内的守军进行攻击。雅典士兵吸到毒烟之后不得不停下脚步，斯巴达军队趁机消灭了他们。这次战役之后，用硫磺和松枝等混合燃烧制造毒气的方法就开始被用于战争。

生物战剂病原菌进入人体的途径

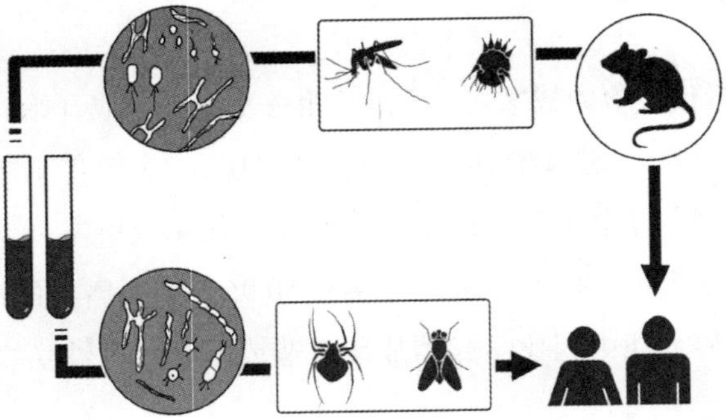

培养出的细菌、病毒、微生物会先附着在跳蚤、蚊子、苍蝇等昆虫以及老鼠等动物身上，再由这些媒介传染给人类。这是属于古老的传统方法，要造成大量的感染比较困难，无法发挥武器的功效。如果想把它们作为大规模杀伤性武器，就要把病源制作成喷雾，然后自空中散布出去

核武器、生物武器、化学武器

1917 年伊普尔，澳大利亚步兵佩戴着箱型呼吸器，以抵抗德军的毒气攻击

威胁日益严重的核生化恐怖攻击（二）

毒气被大规模使用，并成为近代战争的战术之一，是从第一次世界大战开始的。当时法国在战争中率先使用催泪瓦斯，德国在 1915 年 4 月 22 日第二次伊普尔之役中使用氯气攻击法国、加拿大和阿尔及利亚联军。之后两军相互使用及研发新型的毒气，其中以芥子气、光气、氯气为主，据不完全统计共有 50 965 吨用于战争中。根据官方公布数字，在第一次世界大战中因化学武器战剂而造成的非致命性伤亡约 1 176 500 人，至少有 85 000 人死亡。

· 神经毒气

神经毒气最早是从民用有机磷农药中发展而来，1935 年德国化学家 G. 施拉德发现了一种速效有机磷杀虫剂——塔崩。由于不慎吸入泄漏的样品，施拉德及其助手成为了塔崩的首批受害者，出现瞳孔缩小，呼吸困难及晕厥症状，3 周后才康复，并因此意识到塔崩对人体有巨大的毒性。此时正值第二次世界大战，塔崩很快被军方关注并在 1940 年大量投产。

由于塔崩巨大的军事潜力，研究人员开始深入地研究塔崩的结构。在塔崩基本结构的基础上，德国及其他国家的研究者相继合成了一系列神经性毒剂，最具代表性的四个神经性毒剂是塔崩、沙林、梭曼和维埃克斯（VX）。因其毒性强、作用快，能通过皮肤、呼吸道、黏膜、消化道及肺等吸收引起全身中毒，加之性质稳定、生产容易、使用性能良好，因此成为各国部队装备的主要化学战剂。

· 生物武器

在人类战争史中，细菌武器的使用由来已久。据文献记载，最早使用细菌武器的案例是公元前 1200 年，赫梯人将带菌的尸体抛射到敌方土地。1349 年，蒙古人围攻克里米亚半岛的卡法城时，由于城坚难摧，攻城部队又受到由中国向西蔓延的鼠疫大流行的影响，他们便把鼠疫病死者从城外抛到城内，结果使卡法城的许多士兵和居民染上鼠疫，不得不弃城而逃。

种类	毒剂名称	作用方式	症状
神经性毒剂	塔崩（tabun）（GA） 沙林（Sarin）（GB） 梭曼（Soman）（GD） 维埃克斯（VX） 某些杀虫剂	乙酰胆碱酶作用，阻止神经传递物质乙酰胆碱在突触的分解释放而引发蕈毒碱和尼古丁一样作用（导致肌肉一直处于兴奋状态而引起肌肉痉挛）。	瞳孔缩小 视野模糊／眼前昏暗 头痛 恶心、呕吐、腹泻 流鼻水 四肢麻痹／肌肉震颤 呼吸困难 癫痫 意识低下
血液性毒剂	大多数的砷化合物 氯化氰（CK） 氢氰酸（AC）	造成溶血，可导致肾功能衰竭；氰化物阻断电子传递链，导致细胞无法利用氧气。迫使细胞进行厌氧呼吸，产生过多乳酸而造成代谢性酸中毒。	皮肤、手指甲和嘴唇可能是粉红色或樱桃色 发绀 意识障碍 恶心 呼吸困难 代谢性酸中毒
糜烂性毒剂	二氯乙基胂（ED） 二氯甲基胂（MD） 二氯苯基胂（PD） 路易斯毒气（L） 芥子毒气（H/HD）	为酸性化合物损害皮肤和呼吸道系统，造成灼伤和呼吸困难。	严重的皮肤，眼睛和黏膜疼痛及红肿 皮肤红斑与产生水泡，愈合慢，并可能成为感染 结膜充血，角膜浮肿及溃疡 轻度呼吸窘迫引发呼吸道损害
窒息性毒剂	氯气 氯化氢 三氯硝基甲烷（PS）	类似糜烂性毒剂的机制，但较多作用于呼吸道系统，进而导致窒息；痊愈者往往会有慢性呼吸困难。	呼吸道的刺激 眼睛及皮肤有烧灼感 呼吸困难、咳嗽 喉咙痛 胸闷 喘鸣 支气管痉挛
刺激性毒剂	催泪性： 催泪瓦斯 胡椒喷雾 催吐性： 亚当氏毒气（DM） 二苯氯砷（DA） 二苯氰砷（DC）	催泪性：造成严重眼睛刺痛及暂时性失明。 催吐性：造成恶心和持续呕吐。	催泪瓦斯或胡椒喷雾：刺激眼睛造成不适 DM,DA,DC：引发呕吐
细胞毒蛋白	生物蛋白质，例如： 蓖麻毒素（Ricin） 相思子毒素（Abrin）	藉水解 rRNA 抑制蛋白合成 V。	潜伏期 4 到 8 小时，之后有类似感冒的症状 18 到 24 小时后： 吸入：恶心、咳嗽、呼吸困难、肺水肿 饮食：胃肠道出血呕吐和流血腹泻，最终肝脏和肾脏衰竭

1
2
3
4
5

如何应对核生化攻击

面对各种核生化威胁，可以用军事的、外交的、公共安全的途径和手段来应对。美国2002年9月颁布《应对大规模杀伤性武器国家战略》指出：应对大规模杀伤性武器是“美国国家安全战略不可缺少的组成部分”。此后又于2006年3月制定《应对大规模杀伤性武器国家军事战略》，提出若干指导原则、战略举措和作战任务。军事防御战略是国家防御战略的主干，它可以应对核生化袭击、核生化恐怖、次生核生化灾害等军事性威胁，也可以在应对核生化扩散、核生化工业事故和生物疫病中发挥后盾支援作用。

核生化军事防御有两个支点，一是核生化防护，二是对核生化袭击的抗击反击。有的国家偏重前者，如瑞士、瑞典，实施总体防御战略，不谋求也不具备抗击反击能力，着重做好军民防护，避免和减轻核生化袭击造成的伤害。有的国家偏重后者，如俄罗斯、美国，美国政策更进一步，主张主动的核生化攻击。

核生化防护的目的是减轻或避免核生化军事袭击、恐怖袭击、次生核生化危害等造成的损失，及时消除可能造成的短期和长期后果。各国都十分重视核生化防护。美国的核生化防护会选择介入限制敌对国家发展核生化武器，包括武装冲突、经济制裁、非战争军事行动等各种类型的军事行动，并对本土、多国的民用目标、军队和军事设施实施核生化保护，以保障美军在核生化环境中持续作战并把对战斗力的影响降到最低。民众核生化防护也是军事防御的组成方面，在现代战争中，核生化袭击以民生目标的概率越来越大。瑞士为拥有676万人口的“永久中立国”，奉行军事防御为核心的总体防御战略，有统一、完善的民防体系，平时在民防服役的有48万人，全国建有可防核生化袭击的众多地下掩蔽所，可容纳580万人，另有辅助掩蔽所可容纳210万人。

相比之下，美国的核生化防护政策更倾向于国家政策，而瑞士的防护政策则更贴近于民用。

普及核生化攻击的危害，指导民众应对核生化攻击

走为上策

尽量远离放射源，避免在污染区逗留

保护五官

用毛巾或口罩捂住耳鼻，带好泳镜、雨衣、手套、靴子，撤到安全区域后将衣物处理

注意遮挡

利用钢板、铅板、墙壁遮挡或降低照射强度

立即沐浴

怀疑受到污染应立即洗澡，用清洗的方式清除污染

避免外出

躲进建筑物内，关闭门窗，挑选建筑物中间的屋子

服用药碘

及时服用稳定性碘

率先打击潜在的威胁

遇到核生化威胁后的措施（一）

既然核生化武器可能会给人们带来如此大的威胁，那么，一旦真正遇到了核生化威胁，有什么方法能够尽可能地确保人身安全呢？由于核生化武器各自的杀伤方式并不一样，因此在遇到核生化威胁后所采取的措施自然也有所不同。

·核武器

核武器是目前人类拥有的威力最大的武器，它所能造成的杀伤力是常人无法想象的。核武器爆炸，不仅释放的能量巨大，而且核反应过程非常迅速，微秒级的时间内即可完成。因此，在核武器爆炸周围不大的范围内形成极高的温度，加热并压缩周围空气使之急速膨胀，产生高压冲击波。地面和空中核爆炸，还会在周围空气中形成火球，发出很强的光辐射。核反应还产生各种射线和放射性物质碎片；向外辐射的强脉冲射线与周围物质相互作用，造成电流的增长和消失过程，其结果又产生电磁脉冲。使核武器具备特有的强冲击波、光辐射、早期核辐射、放射性沾染和核电磁脉冲等杀伤破坏作用，对现代战争的战略战术产生了重大影响。

一旦核爆来临，爆炸范围内几乎寸草不生，更不要说人类的安全。不过，这一切也并不是不可避免的。冷战时期，科学家们就模拟过各种核爆的情况，发现那些距离爆炸点足够远的人能够在爆炸初期幸存下来，但却必须面对致命的放射性沉降物，这将是核爆求生的关键环节。经过计算，在外面暴露的时间越长，遭受的辐射剂量越大，但外界辐射强度也会随着时间而逐渐降低。因此，人遭受的总辐射剂量取决于何时离开室内、距离爆心的距离、跑到最佳庇护所的距离等因素。

当低当量核爆发生时，尽可能躲在地下建筑中，可能的话在几分钟内赶到附近的庇护所。如果是罕见的高当量核爆，也许一切防护设备都将失去效果。

·生物武器

生物武器有较强的致病性和传染性，人类和其他生物都可能受到袭击，发病后又可能互相传染。因此在组织防护时，要做到军队与地方结合，还要与防化、工程等有关勤务部门密切配合。

通常生物武器主要是经呼吸道侵入人体，因此，保护好呼吸道非常重要。最为简单有效的办法就是使用防毒面具和防护口罩。

核武器的危害

光辐射
电磁脉冲
放射性污染
冲击波

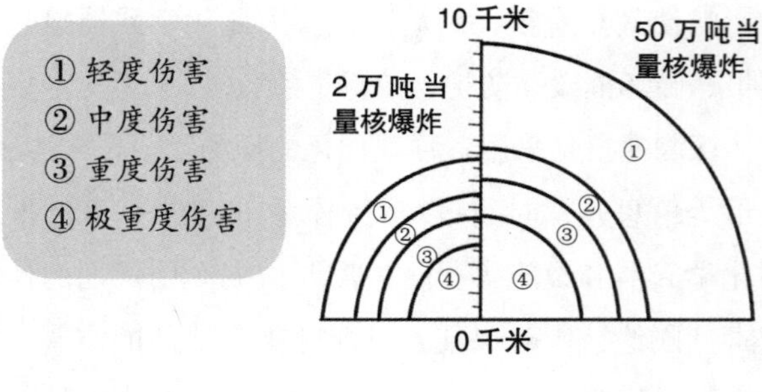
① 轻度伤害
② 中度伤害
③ 重度伤害
④ 极重度伤害
10 千米
50 万吨当量核爆炸
2 万吨当量核爆炸
0 千米

相比于地面，地下室受到的核辐射危害要小得多

遇到核生化威胁后的措施（二）

1

防毒面具的式样很多，主要由滤毒罐和面罩两部分组成。滤毒罐包括装填层和滤烟层。装填层内装有防毒炭，用于吸附毒剂蒸气，但对气溶胶作用很小。滤烟层是由棉纤维、石棉纤维，或超细玻璃纤维等织成的滤烟纸组成。为了增加过滤效果，滤烟纸折叠成数十层，它的作用是过滤放射性尘埃、生物战剂和化学毒剂气溶胶。

在紧急情况下，如果没有防毒面具或特殊型的防护口罩，也可用容易得到的材料制造简便的呼吸道防护用具，如脱脂棉、毛巾、三角巾、棉纱等。此外，还需要保护好皮肤，以防有害微生物通过皮肤侵入身体。通常采用穿隔绝式防毒衣或防疫衣以及戴防护眼镜等方法。

2

·化学武器

化学武器主要靠化学毒物的毒性发挥战斗作用。化学武器多属剧毒或超毒性毒物，其杀伤力远远大于常规武器。据第一次世界大战战场的对比统计，化学武器的杀伤效果为高爆炸药的2~3倍。近代化学武器的发展，已使毒剂的毒性比第一次世界大战时所用毒剂的毒性高达数十甚至数百倍，因此在化学战条件下可造成大批同类中毒伤员。

3

虽然化学武器杀伤力大，破坏力强，但由于使用时受气候、地形、战况等因素的影响使其具有很大的局限性。因此化学武器也是可以防护的。主要措施有：探测通报、破坏摧毁、防护、消毒、急救。

4

探测通报是采用各种现代化的探测手段，弄清敌方化学袭击的情况，了解气象、地形等信息并及时通报，达到预防的效果；破坏摧毁则是采用各种手段，破坏敌方的化学武器和设施等；防护需要根据军用毒剂的作用特点和中毒途径，设法把人体与毒剂隔绝，同时保证人员能呼吸到清洁的空气，如构筑化学工事、器材防护（戴防毒面具、穿防毒衣）等；消毒主要是对染上神经性毒剂和糜烂性毒剂的人、水、食物、环境等进行消毒处理；急救是针对不同类型毒剂的中毒者及中毒情况，采用相应的急救药品和器材进行现场救护，并及时送医院治疗。

5

抵御化学武器和生物武器

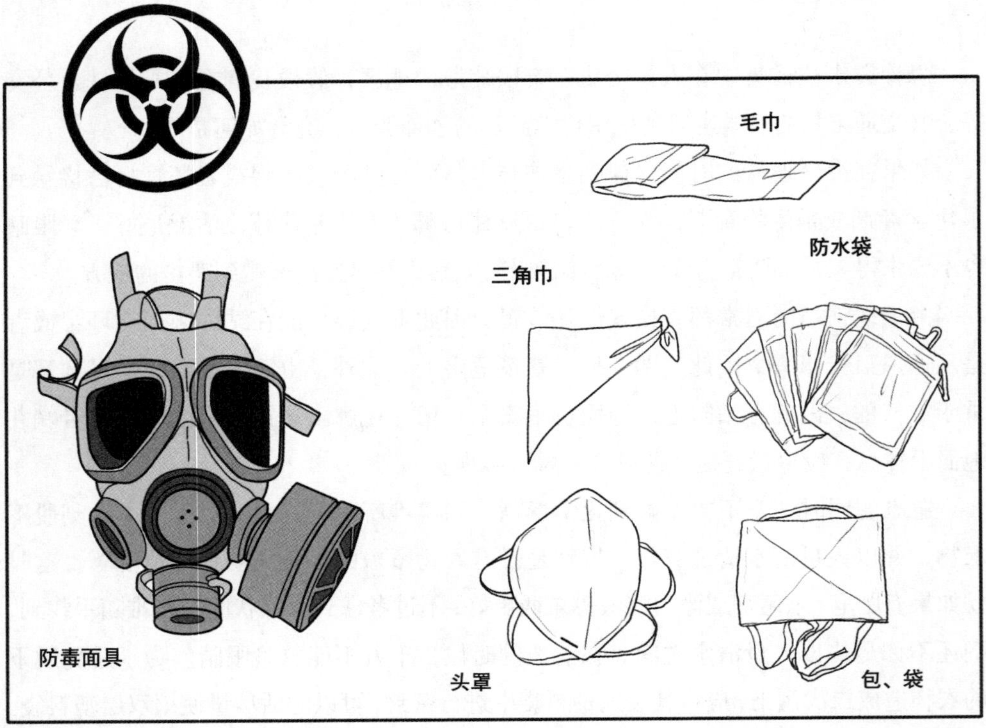

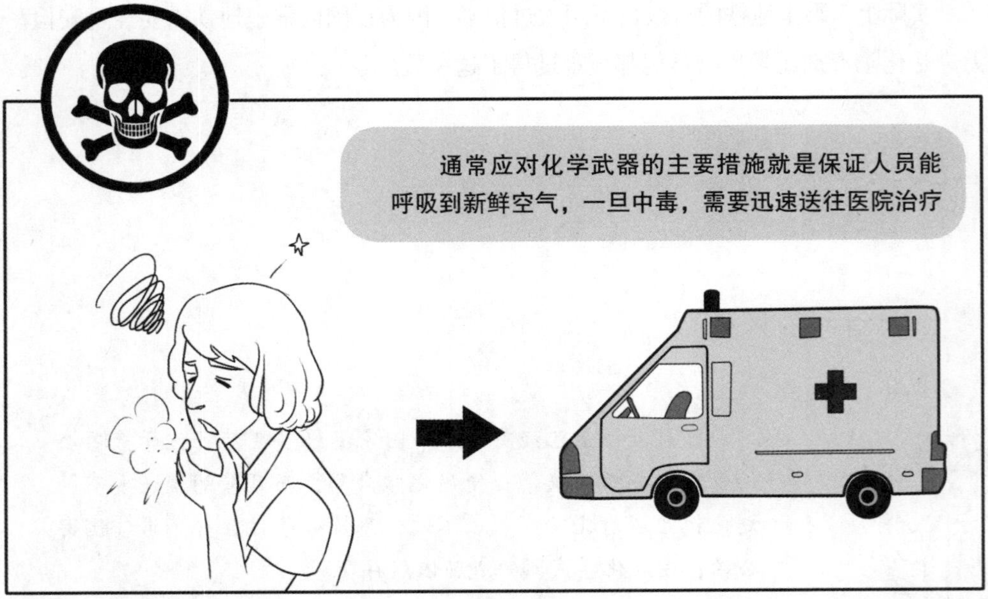

城市中发生化学武器袭击怎么办

恐怖袭击往往集中在人员密集、难以疏散的地区，假设我们在搭乘地铁、公交等公共交通工具的时候遭遇到使用化学武器的恐怖袭击，究竟如何是好？

如果在乘坐地铁的时候遭遇到恐怖袭击，而且已经接触到或者怀疑自己接触到了化学毒剂或是生物毒剂，立刻用口罩遮住口鼻（或用布代替，沾湿最好），眼睛也不要张得太开，调整为浅呼吸，不能吸气太猛，并迅速离开遭到袭击的地方。

由于地铁站内通常都有换气循环装置，因此毒气很可能在站内来回循环，或者是从通风口排出去，因此这两个地方是最危险的。此外，由于大多数化学毒剂都是重于空气的，因此车站附近的地面也不安全，切忌在逃出地铁站后就坐在或者躺在地面上休息，应尽量赶往高处或者上风口避难。

避难的同时注意不要接触到化学毒剂，当避难所附近有水的时候，应立刻脱下衣物，并以大量清水清洗身体（特别是没有衣物覆盖的部位更要仔细清洗）。这时候如果有肥皂、杀菌剂或漂白溶液等东西更好，不过考虑到紧急状况下很难随手找到，倒还不如尽快以大量清水洗净。在清洗的时候，千万不能忽略眼睛。为了避免脱下的衣物造成二次污染，应将其装入塑料袋中进行密封，可以的话尽量使用双层塑料袋。完成上述步骤之后，应当迅速前往医院接受检查和治疗。

实际上，乘坐地铁的时候也不用太过担心，因为在国内乘坐地铁需要经过安检，无论是化学毒剂还是生物毒剂都很难过得了这一关。

目前世界上已经有 190 个国家签署了《禁止化学武器公约》，该公约不仅禁止使用化学武器，而且签约国还要有计划地销毁现有化学武器。不过，恐怖分子往往并不遵守国际公约，因此化学武器的威胁依然存在。

化学武器袭击后采取的措施

遮住口鼻，避免化学毒剂从呼吸道进入

逃离地铁站等循环通风的地带

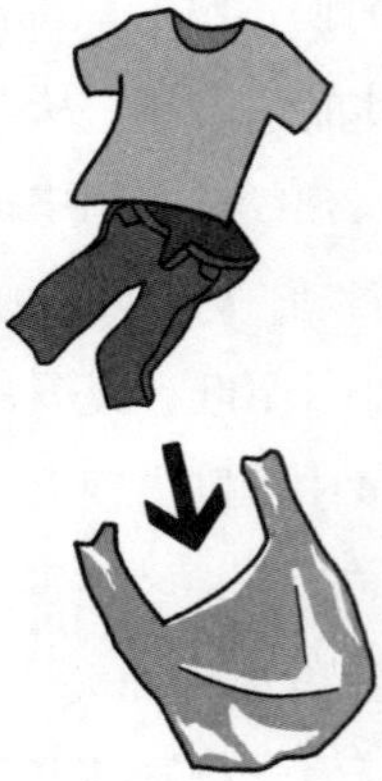

脱离危险后立即脱掉受到污染的衣物

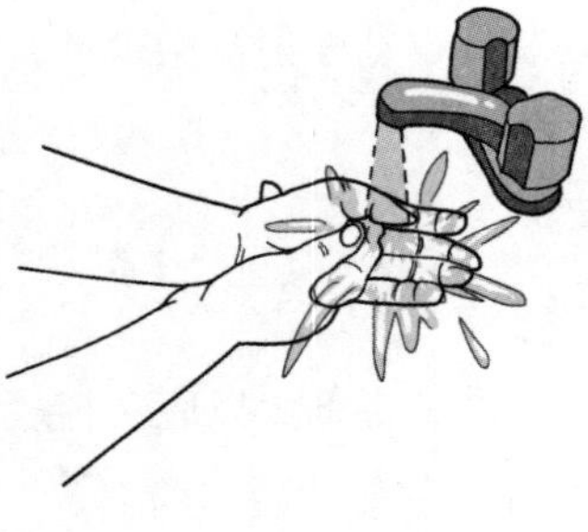

使用大量清水反复清洗

出现中毒症状后立即治疗

解毒设备（一）

无论是化学毒剂，还是生物武器，都会对人体造成十分严重的伤害。即便是做好了防护措施，也应当做好必要的救治准备，尤其是化学毒剂作用效果快，一旦中毒，必须要尽快解毒。因此在各国军队中，往往都配备有针对各种化学毒剂的解毒设备。

·神经性毒剂的症状及解毒

神经性毒剂一般指人工合成的神经毒素，大多数为有机磷化合物，与农药属同一类化合物，其中毒原理、临床表现、防治原则和急救方法基本相似。神经性毒剂不仅效果极强，而且很容易大规模配备，在战争中使用的概率很高。神经毒剂对人体内的乙酰胆碱酯酶活性有强烈的抑制作用，能够与乙酰胆碱酯酶发生化学反应，从而使乙酰胆碱酯酶失去活性，不能发挥正常功能，造成释放出来的乙酰胆碱不能被水解而蓄积，从而引起内源性胆碱中毒，令中枢和外周胆碱能神经功能严重紊乱。

神经性毒剂中毒的症状比较严重。轻度中毒症状有瞳孔缩小、流涕、口水增多、头痛、呼吸不畅及怕光，症状可维持2~5天。中度中毒者除以上症状外，还会出现眼痛、恶心、呕吐、腹泻和短暂痉挛。严重中毒者会肌内震颤，运动机能失调和全身乏力。深度中毒则出现大小便失禁、严重痉挛、呼吸麻痹，数分钟内可致死。

针对神经性毒剂解毒主要依靠抗乙酰胆碱酯酶的解毒剂。其中最普遍的就是阿托品和 P2-AM 等氯解磷定系的药剂。这些解毒剂会被安装在自动注射器中携带，中毒后直接静脉注射即可。

·MK.1 解毒针

以美军的 MK.1 解毒针为例，这是美军配发给士兵的标准解毒剂，以应对神经性毒剂的攻击。它由两根自动注射器组成，里面各自装有阿托品和氯化磷定药剂。

阿托品是乙酰胆碱的竞争性抑制物，能够抑制体内黏液过度分泌，氯化磷定则是防止肌肉麻痹的解毒剂。在遭到神经性毒剂袭击出现中毒症状之后，要立即注射。即便是暂时没有中毒症状，只要接触到毒剂，也应在短时间内使用。

此外，解毒针也不一定能完全解决问题，如果本身吸收的毒剂已经超出致死剂量，很可能在几分钟内就直接死亡，或者即便解毒针起到了效果，也无法保证之后不会出现后遗症。

神经性毒剂解毒针

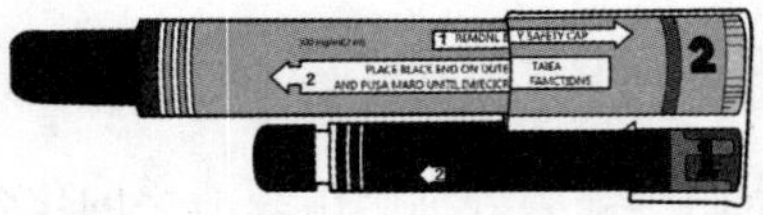

PAM CL（上）与阿托品（下）两管一组的自动注射器，如图所示，它们会一起插在写有注射顺序的塑料盖子上。两管注射器的盖子被设计成不一样的颜色，可以让使用者在慌乱中也不会搞错顺序

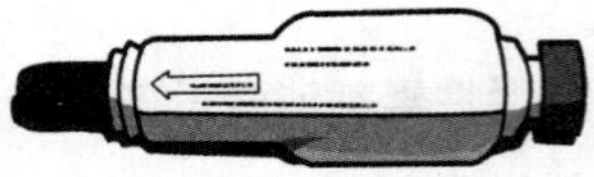

氯解磷定自动注射器，取下盖子后使用

北约各国与美军配备的主要神经毒剂解毒针，都是设计成让士兵在战斗中遭遇神经毒剂后可以立即自行注射的自动注射器。不过要能在实战的慌乱中准确往身体特定部位注射，平常则必须进行训练

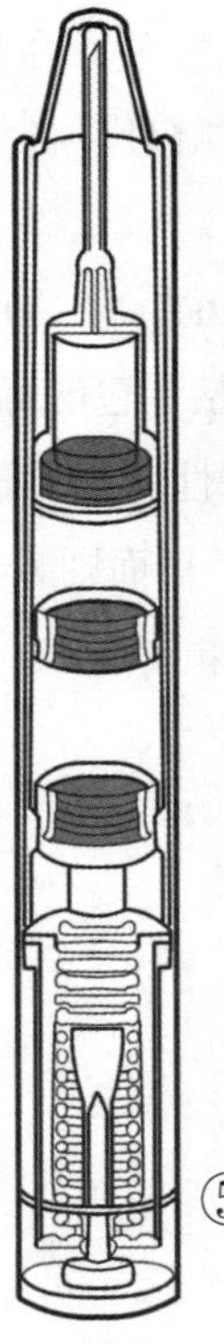

⑤

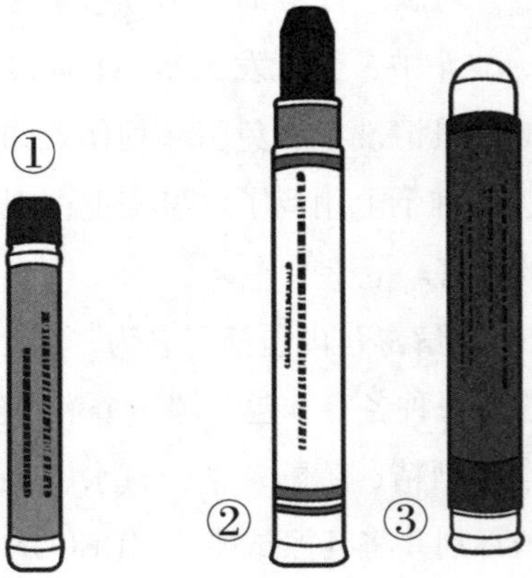

① ② ③

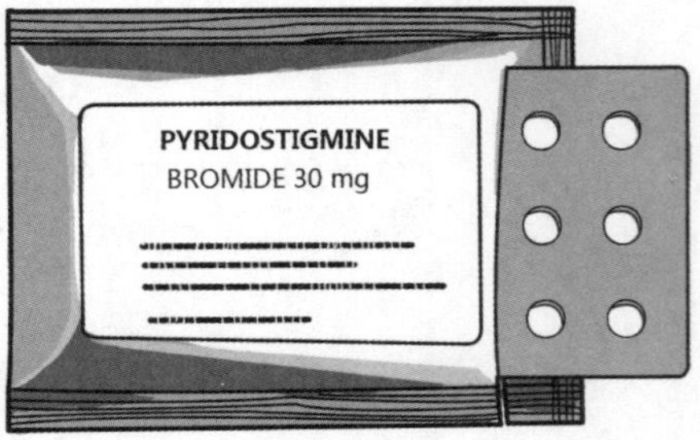

④

① Multipen。法军配备的阿托品＋双复磷＋氯解磷定

② Combopen。NATO 与美军配备的阿托品＋肟剂

③ Aloropen。阿托品药剂

④ GB 用预防药，8 小时间隔的口服锭剂。服用过这种药物后，万一吸入毒气，只要再吃一颗并带上防毒面具便能得救

⑤ Combopen 的内部。这是一种自动注射器，只要把整个容器从衣服外面直接按压到大腿的静脉部位，前端的针头就会借由弹簧作用刺进体内释出药剂

解毒设备（二）

·糜烂性毒剂消除设备

糜烂性毒剂是一类可以导致人体皮肤、眼睛、黏膜等细胞组织溃烂的化合物。它们可以破坏细胞内的核酸及酶，使全身中毒。虽然有时被用于医学，但它们更多被用作战场上的化学武器。芥子气是最常使用的，其他糜烂性毒剂还有氮芥气、路易氏气等。

通常针对腐烂性毒剂，军方会给士兵配备解毒包。如美军在参加有可能使用化学毒剂的战斗中，会配发 M258A1 解毒包。士兵在遇到化学毒剂攻击时，可以用解毒包中的工具清洗，以免引起灼伤。如果毒气已经吸入肺部，对肺部造成伤害，这种解毒包就排不上用场了。事实上，现在并没有哪种设备能够有效消除毒气进入肺部带来的伤害。

M258A1 解毒包内包括了名为“DECON 1 WIPE”和“DECON 2 WIPE”的两种独立铝箔包，每种各有 3 包，即一个解毒包中共包括 6 包解毒剂。“DECON 1 WIPE”是一种含有酒精、苯酚、钠、氨水、氢氧根、水性溶剂的消毒片，能够吸收附着在皮肤上的毒剂并将其擦拭掉。“DECON 2 WIPE”里面则装有解毒剂的注射剂和含有药剂（酒精、氯化锌、水性溶液）的消毒片、纱布。

针对各种毒剂的解毒针属于个人防护装备，虽然它能起到解毒的效果，但是并不能当做医疗手段。也就是说，解毒针适合中毒后立刻注射急救，缓解中毒的症状，为送医治疗争取时间。

MK.1 解毒针的使用方法

神经毒剂解毒针 Mk.1，在遭遇神经毒剂侵袭时使用，由两管自动注射器组合而成，里面各自装有阿托品以及氯解磷定药剂。在遇袭后出现中毒症状时要马上注射。如果有接触到毒剂的可能性，即使没有出现症状，最好也要在数小时内使用解毒剂或者接受检查治疗

M258A1 解毒包

两种铝箔包分别置于真空铝箔包中，6 包一起放置在不锈钢盒子中以便于携带

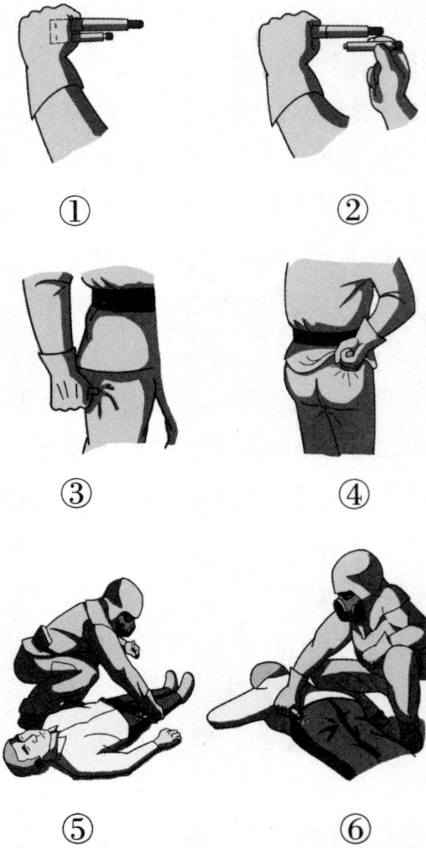

① 较长的是氯解磷定注射器，较短的是阿托品注射器
② 拔下阿托品注射器，不要碰到顶部的盖子
③④ 将阿托品自动注射器插到指定部位，按下盖子注射
⑤ 使用解毒针之后，几分钟内可能依然存在中毒症状，此时不应再次注射。如果症状仍然无法缓解，应交由队友观察确认并未改善，才能继续注射
⑥ 要帮助队友注射时，应尽量不要移动伤员，并注射在相同位置

核生化防护服

在使用核生化武器或者是可能遭到核生化威胁的地区活动时，核生化防护服是不可或缺的装备。除了某些化学毒剂和生物毒剂会通过皮肤和呼吸道进入人体外，放射性污染也会对人造成伤害。要在这样的环境下确保安全，就必须采取措施隔绝化学药剂、病原体以及含有放射性物质的空气和水，这也是专门的防护面具与核生化防护服出现的原因。

20世纪90年代以后，德国的Blucher公司研发出了一种划时代的新型防护服——萨拉托加防护服。萨拉托加防护服最大的优势也正是在于它的高密度球状活性炭涂层，不仅能够吸附大量化学毒剂和生物武器产生的病原体，而且能够多次使用。相比于以往的防护服都是一次性使用的消耗品，萨拉托加防护服可以在清洗后继续使用（以140℃以上的热风或者蒸汽清洗，就能去除吸附在活性炭上的污染物质）。通过改进外层布料的工艺，还能增加其耐热性与韧性，提高使用次数。

穿着萨拉托加防护服就跟普通的战斗服差不多，因此外层还能穿上防弹衣或佩戴其他装备，如此一来，士兵在遭遇核生化武器攻击的时候，就不用临时手忙脚乱地套上防护服了。此外，针对战场的特殊情况，Blucher公司后来又研发了一种内衬防护服，不仅更加方便，而且同样能起到防御核生化武器的效果。目前，萨拉托加防护服被超过25个国家的反恐部队和特种部队采用，并出现了为数不少的衍生版本。

除了军用的防护服外，也有民用版本，不过由于民用版不需要过长时间穿着，也不需要像军用版那样穿上防护服进行作战，因此对性能的要求没那么高。一般来说，民用版只要能满足短时间作业或者在避难的时候穿着即可，因此大多仍采用丁基橡胶制作。

除了防护服以外，保护手脚的手套和靴子也是必不可少的。一般手套和靴子都是用丁基橡胶制成的，而且靴子的设计是不分左右脚的，直接套在战斗靴上即可。某些反恐部队或特种部队会采用专门的定制版本，他们采用的手套和靴子本身既具有防护效果，同时外形上和普通的作战手套、战斗靴并无区别，可以长期穿着。

萨拉托加防护服的结构

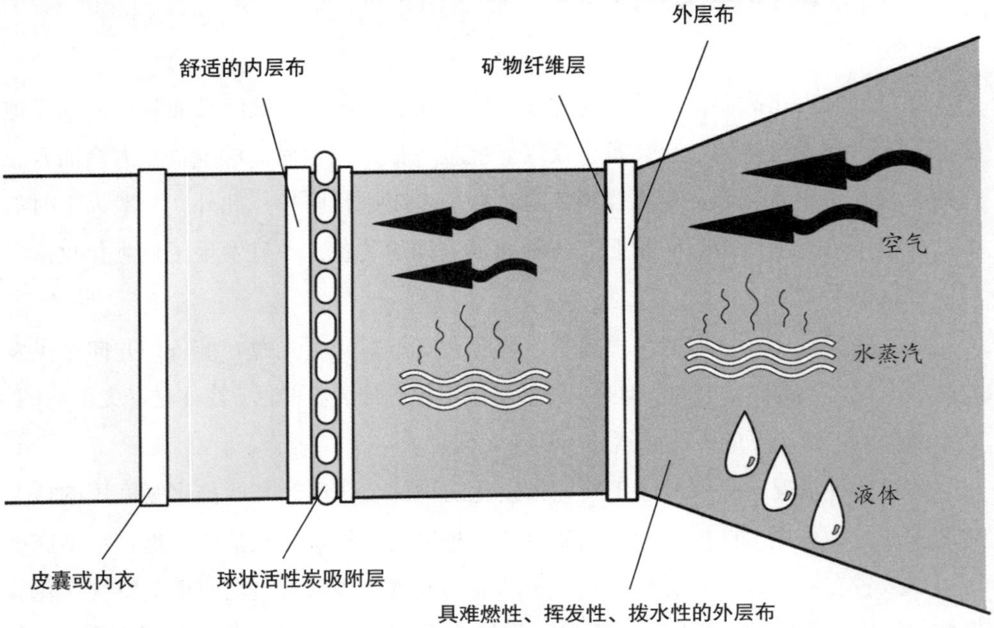

身穿防护服的美国反恐部队队员

核生化庇护所

要对抗核生化武器，除了必要时穿上核生化防护服和佩戴防毒面具以外别无他法，但是，由于这样的一套装备也仅仅能挽救一个人的生命，对于普通大众而言，这些装备几乎很难见到，更不要说依靠这些装备来进行防护。此外，一般人平时的生活中也不可能随时带着防护服、防毒面具这样的装备，一旦发生了核生化攻击，可以说是束手无策。

在一些地区，一旦即将爆发战争，政府会安排军队事先做好准备，并向平民发放防毒面具之类的防护装备。但是，如果是核生化恐怖袭击的话，往往是毫无征兆的，处于毫无防护状态下的平民必然会出现重大伤亡。

针对这种情况，一些专注于研究核生化防护的公司已经开始推出家庭用的核生化庇护所。如美国 UTLIS 公司专门研发的一种家庭用核生化庇护所，这种小型庇护所可以放置在室内，由具有核生化防护功能的气密帐篷与蓄电池驱动的空气净化装置构成，内部能容纳 4 人。整个系统的重量约为 50 千克，搬运和组装都很简单，对普通的家庭而言，这种庇护所无疑是非常实用的。美国彩虹系统公司也生产了类似装备，与 UTLIS 公司的不同，彩虹系统公司推出的核生化庇护所主要针对移动途中的核生化攻击，该庇护所可以像组装式衣柜那样迅速组装起来，携带非常方便。不过，这同时造成了该庇护所的防护程度比较低，仅能用于紧急避难，不适合长期使用。

除了这些简易庇护所，还有一些专门建设的大型庇护所。冷战期间，美苏两大军事集团均有上万枚核武器处于随时可以发射的状态。在这种情况下，核生化庇护所自然成为了国家领导人的一种“生活必需品”。美国的地下指挥所工程浩大，一般都是在以花岗岩为主的山体内挖洞修建。整座山脉都成为抵挡核武器攻击的屏障。

UTILIS 公司研制的家庭用核生化庇护所

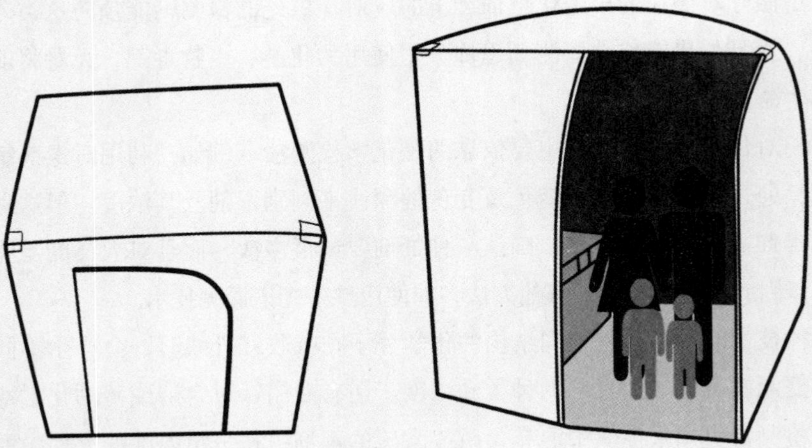

与简易帐篷非常相似，但是能够完全密封，并且配备有空气净化装置

彩虹系统公司推出的组合式核生化庇护所和净化装置

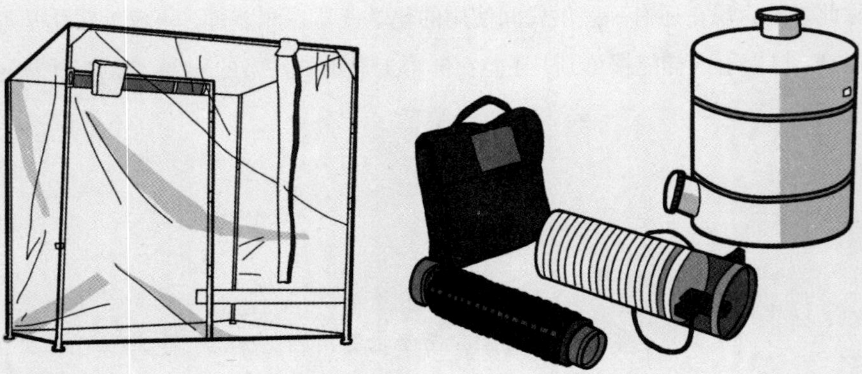

这是一种简易型的庇护所，可在发生核生化危机时紧急避难，但不适合长期使用

化学毒剂检测器

除了做好对潜在的核生化恐怖袭击的应对，事先的检测则能预防这类恐怖袭击的发生，而且如果能成功探测到恐怖分子使用的化学、生物毒剂，无疑将能挽救更多人的生命。

早期对化学毒剂的检测主要依靠的是化学检测法。例如，利用对毒剂敏感的化学试剂，通过查看试剂是否变色及变色的深浅来判别毒剂及其浓度。但这种方法对特定的毒剂需要特定的试剂，确认一种毒剂要试很多次，而且对人员的专业水平要求很高，因此人们开发出了其他方法，如使用红外光谱探测技术。

这种技术的原理是，不同结构的化学分子在吸收红外线时，会产生不同的红外光谱，据此就可以知道毒剂的种类和浓度。还有专门针对含磷或硫的化学毒剂的火焰光度检测器。如果空气中混有含磷或含硫的毒剂，在一定温度的火焰中就会发射出特定波长的光，据此也可以知道毒剂的情况。

目前，各国配备的化学侦察装备包括各种报警器、探测器、监视装置、采集分析测量系统。这些装备小到单兵携带的侦察包、手持式控测器，大到专用的核生化侦察车、车载分析鉴定实验室。其工作原理从敏感物质化学反应、电化学到红外、激光光谱比较等等。化学侦察装备的基本结构形式有袖珍式、便携式、固定式和机动式等，分别配属一般分队和专业分队以及舰艇、飞机、装甲车辆、机场和大型工事等使用。

除此之外，现在还有一些供民间使用的化学武器探测装置，不仅针对化学毒剂，生物毒剂、核辐射同样能探测到，还能在屏幕上显示出污染的程度、影响范围等数据，非常先进。

我们生活的方方面面都要用到化学品，包括工业加工、能源、运输、农业、医药、清洁和制冷。这些化学品具有持久性，对生态系统和人类及动物健康造成不利影响。

安全检查

RAID-M100便携式化学战剂、毒剂和工业有毒气体探测器

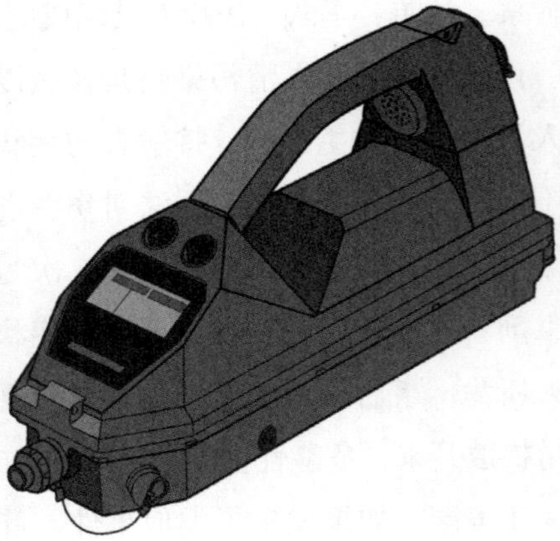

AIMSI科技公司出品的化学、生物、放射线探测装置，这并不是一款军用设备，而是为民间提供的手持型探测装置

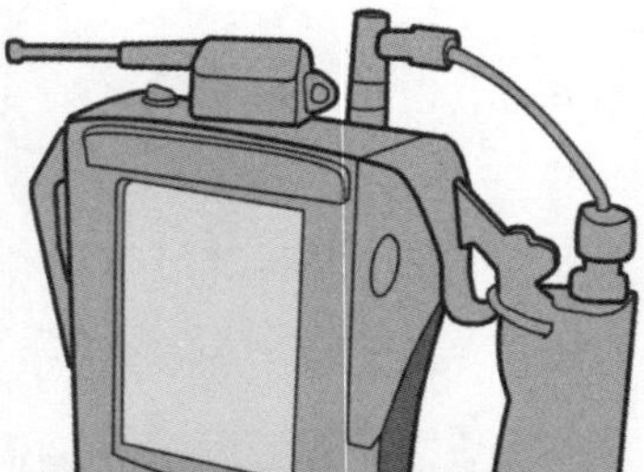

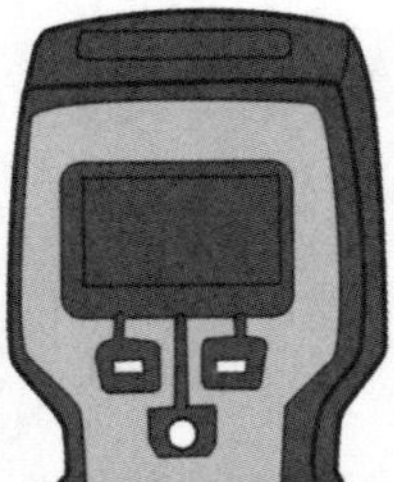

一般民间的个人也能购买使用的核生化武器侦检装置，左为AIMSI Technologies公司出品的化学、生物、放射线侦检装置，具有GPS定位功能，可在屏幕上显示污染程度以及范围，相当先进。右图为Microsencer Systems公司出品的化学毒剂侦检装置

发现生化武器后的处理步骤

如果车站、广场等人员密集的地方发现有人喷洒了不明物质，行人陆续出现眼鼻刺痛、呼吸困难等现象，就应怀疑是否发生了生化武器袭击。此时政府应迅速召集警察、消防、军队、医疗人员组成应急中心，做好处理各种突发事件的准备。

首先要做的是弄清污染物是什么以及污染源、污染范围等，同时调查已经有多少人与污染物发生接触、接触者的症状以及是什么人以什么为目的而进行袭击。如果不能确定污染物质，就无法对伤者进行有效治疗。不清楚污染源和污染范围，就无法进行封锁隔离，很可能造成二次污染，也无法展开有效的消除措施。尤其是生物毒剂，在接触后并不会马上出现症状，而且传染性极高，如果不能当场发现是什么人所为，事后就很难调查。行人只要接触到病原之后，就会在事后不断传染，很容易扩散开来，危险性极高。

在美国，如果发生了类似事件，首先会派遣调查小组赶往现场，使用各种仪器收集现场的数据。除了事发地，四周很大范围内都需要调查，如车站的通气管道、排水系统通向的地方以及当时天气的下风口等。

调查小组在确定了区域之后，会分组采集不同区域的样本，此时调查人员必须进入污染范围，因此要穿戴好防毒面具和防护服。这种情况下使用的仪器都是一些比较小巧、操作简单的手持仪器，以便在全副武装的情况下仍能正常操作。

复合型病毒

战争的存在造成了基因技术的滥用。基因学家已经发现通过改变基因结构，可以增加天花、炭疽等生物武器的破坏性。通过基因结合，理论上科学家可以创造一种使两种疾病同时爆发的病毒。在20世纪80年代，苏联就已经研究了将天花和埃博拉病毒合二为一的可行性。

如何处理生化武器威胁

·组织应急中心
主要包括警察、消防、军队、医疗等部门

·确定污染范围和程度
利用仪器进行探测，弄清楚污染源、污染范围、污染程度

·紧急治疗
及时调查接触过污染物的群众，并组织医疗救助

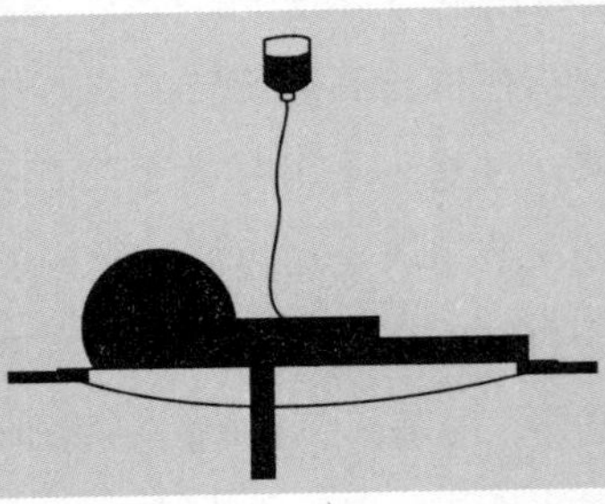

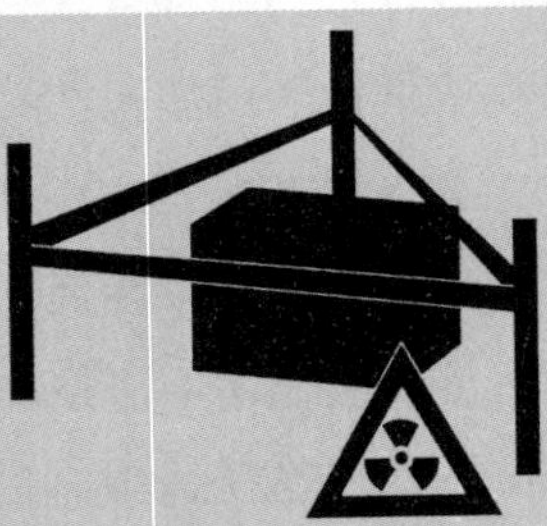

·区域隔离
对污染物影响的范围进行隔离，避免产生交替传染

·调查
调查生化武器的使用者，并进行抓捕

污水净化

时有发生的自然灾害、大型的核电力事故、化学事故、化学恐怖袭击以及相关犯罪活动，都会引起核生化危机。一旦发生类似的事件，引起的核生化泄漏都会对周围环境产生影响，造成空气、土壤和水污染。尤其是水污染，在应对危险核生化袭击或核生化泄漏事故时，污水管理非常重要。遭到污染的水会渗入土壤甚至城市地下水管道。因此在进行防核生化工作时，防化部队还需对周围环境进行全面消洗作业，确保污染物无害化。

对污水的净化主要有物理处理和化学处理两种方法：

物理处理法就是利用物理作用除去污水中的漂浮物、悬浮物和油污等，同时从废水中回收有用物质的一种简单水处理法。常用于水处理的物理方法有重力分离、过滤、蒸发结晶和物理调节等方法。重力分离法指利用污水中泥沙、悬浮固体和油类等在重力作用下与水分离的特性，经过自然沉降，将污水中比重较大的悬浮物除去；离心分离法指在机械高速旋转的离心作用下，把不同质量的悬浮物通过不同出口分别引流出来；过滤法是用石英沙、筛网、尼龙布、隔栅等作过滤介质，对悬浮物进行截留；蒸发结晶法是加热使污水中的水气化，固体物得到浓缩结晶；磁力分离法是利用磁场力的作用，快速除去废水中难于分离的细小悬浮物和胶体，如油、重金属离子、藻类、细菌、病毒等污染物质。

化学法就是使有毒、有害废水转为无毒无害水或低毒水的一种方法，主要有酸碱中和法、混凝、化学沉淀、氧化还原等。酸碱中和法是指采用加碱性物质处理酸性废水，加酸性物质处理碱性废水，中和后加以过滤；凝聚法指将污水中加入明矾，使带电荷的胶体离子沉淀下来；化学沉淀法是在废水中加入化学沉淀剂，与废水中的重金属污染物发生反应，以生成难溶的固体物而沉淀；氧化还原法是加入化学氧化剂或还原剂，有选择地改变废水中有毒物质的性质，使之变成无毒或微毒的物质；电化学法是利用电解槽的化学反应，处理废水中污染物质的一种技术，包括电解氧化还原、电解凝聚等不同的过程。

不过，这类净化装置都比较大型，而对生化污染区域的水进行净化的时候，通常会使用一些小型的综合净化装置，如美国 TECWAR 公司生产的 MMFF3000 净化系统。

净化消毒用过的水

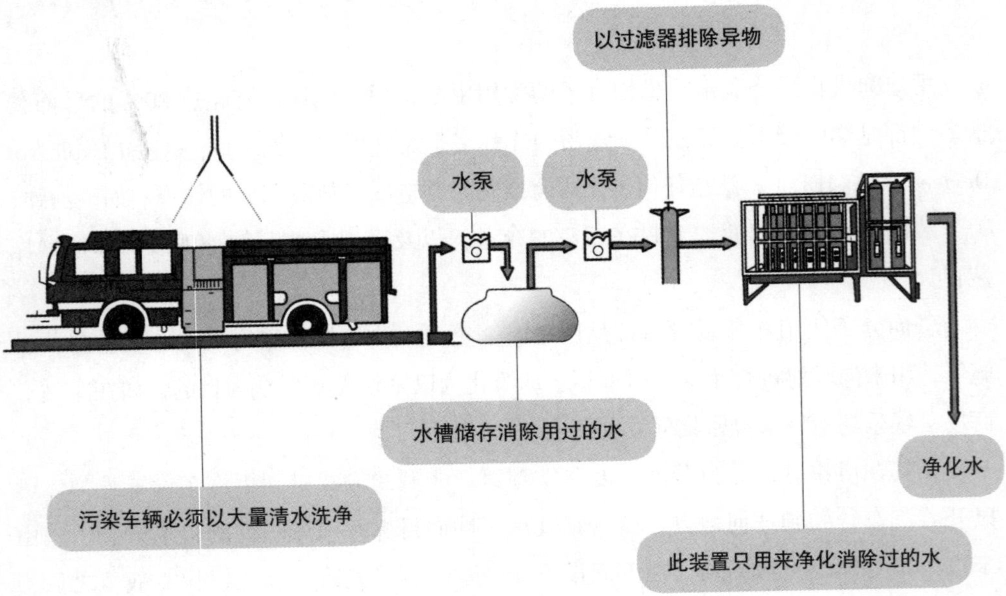

净化遭污染的水

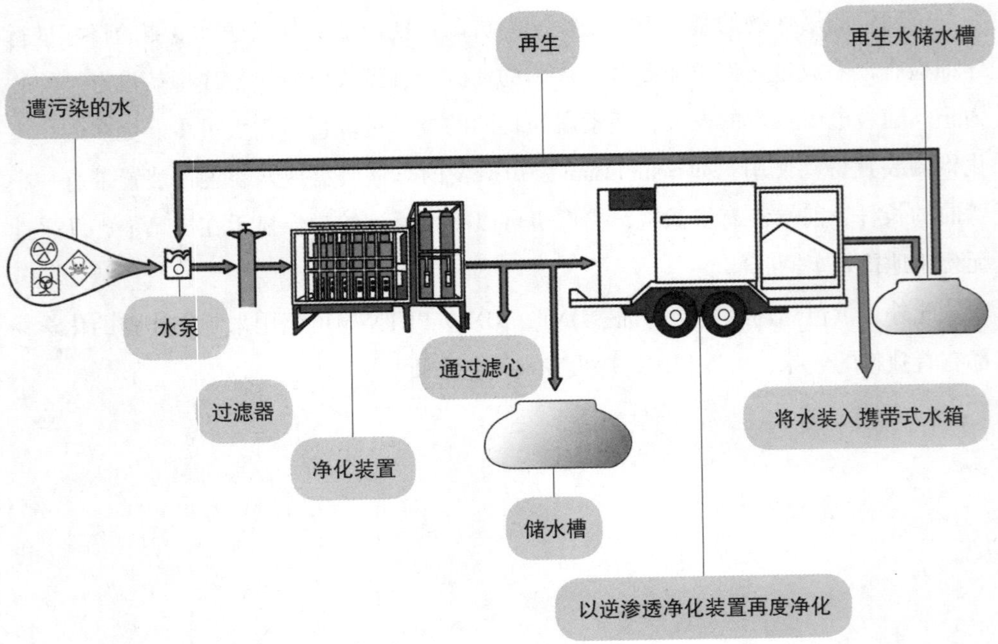

如何找出汽车炸弹

用炸弹进行恐怖袭击是恐怖分子的常用手段，根据统计，有超过 80% 的恐怖袭击事件都是炸弹袭击。恐怖分子常用的炸弹多是简易爆炸装置（Improvised Explosive Device，简称 IED），泛指任何利用现有或临时制造的材料所制成的炸弹。如汽油弹，一个装满汽油的玻璃瓶加上封在瓶口的布条，以及一根火柴，就是现成的即造爆炸装置。

恐怖分子使用炸弹袭击通常是用来暗杀重要人物、炸毁政府机关、袭击公共设施等，用来向政府进行示威，但近年来却演化为以杀伤无辜群众为目的，如在车站、商场、娱乐场所等人群密集处发动袭击。

尤其在伊拉克，炸弹袭击一度非常频繁。典型的方式是利用汽车设置炸弹，可以开着汽车行驶到任何地方，然后驾驶汽车冲向目标并引爆炸弹的自杀式袭击。由于汽车本身就是机械结构，在上面设置炸弹并不容易发现。加上伊拉克战争之后，各种爆炸物在伊拉克民间非常常见，很容易被用来制造 IED 装置。

既然 IED 如此危险，那么现在各国在检测方面的技术如何呢？欧洲各国针对包括 IED 在内的各种爆炸物的系统化检查始于 20 世纪 70 年代，当时欧洲各国频频面临恐怖袭击，因此最早重视对爆炸物的检查。

早期检测爆炸物的基本方法是检测人员以目视识别，也就是对检测的目标进行详细检查，不放过任何可能藏匿爆炸物的地方，直到找出爆炸物或确认没有爆炸物为止。随着电子技术的发展，搜索爆炸物的的技术也取得了很大进步。更多的小型化检测装置得到使用。如 SearchCam 公司研发的车辆底盘搜索装置，装置带有一根弯曲的长杆，前端装有摄像机，摄像机可以将拍摄到的影像显示在屏幕上，几乎能无死角地检查车辆底部。

此外，黄色炸药、硝化甘油、DNT、RDX、PETN 等可能用来制作炸弹的化学物都有着独特的气味，可以利用搜爆犬发现这些物质。

汽车炸弹

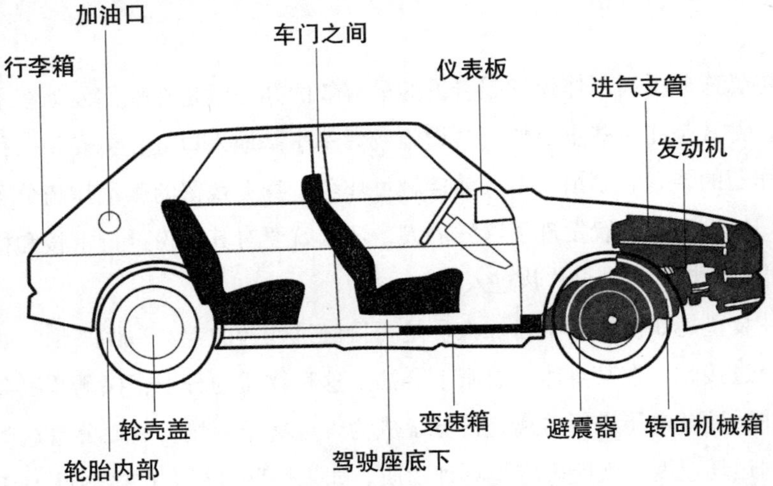

由于汽车内部本身就是各种机械，因此很容易设置 IED。图中的这些位置都是比较容易放置 IED 的地方，检察人员在检查时也会重点检查

车辆底盘搜索系统

由 Search-Cam 公司研发的搜索装置，前端装有摄像机，摄像机壳调整 120°，并将拍摄到的影像显示于液晶屏幕上。它的功能比检视镜强，可以在车子底下变更各种检视角度，并且将影像放大，进行更精密的搜索。

用于探测爆炸物的装置（一）

预防恐怖分子利用炸弹发起袭击的最有效的办法就是在他们发动袭击之前探测出炸弹，尤其是在一些重要的公共设施或者军事基地入口处，会安装一种能够检测出微量炸药的装置。哪怕是不久前接触过炸药，身上残留的微量炸药分子都会被探测出来。如果探测装置发现了这样的人，那么就要对其身份进行审核和检查，直到确认他并不是想要携带爆炸物进入。

这种装置是如何检测出目标人员是否接触过炸药的呢？举例来说，如果人和某种物质有过接触，在其身体、衣服上会沾上这种物质的分子，探测装置会搜集这些分子，并通过高电压进行电离，使分子成为带电离子。然后只要分析这些离子的运动方式和运动速度，就能确定是哪种物质。如果怀疑目标人员接触过 TNT 的话，只要采集到其身上携带物质的样本并进行分析，并对比资料库中的 TNT 分子特征，就能得出结论。

要采集人身上携带的某种物质分子，一般有两类装置，一是设置在机场、车站等处的闸门型装置，另一种是供反恐人员使用的便携性装置。前者以 GE lon Track 公司生产的“Entry Scan”为代表，后者以 GSS 公司研制的“SABRE 2000”为代表。

Entry Scan 采集样本的方式是以空气吹拂进入装置的人员，将人体散发的蒸气集中在装置顶部的采集口，从而得到样本。蒸气中含有人体的各种物质分子，若是人员在此前接触过爆炸物，样本中就会检验出相应的分子。除了用于检测炸药之外，Entry Scan 还被广泛用于检测毒品，其过程与检测炸药一致。

如果 Entry Scan 在蒸气中检测出了爆炸物或毒品的成分，闸门上的信号灯就会变色，并发出警报，此时所连接的显示器上就会显示出分析结果。这款设备能够分析到微克级的细小分子，精准度非常高。不过这种分析技术是 GE lon Track 公司的专利，因此 Entry Scan 这款设备的价格非常昂贵，大约 12 万美元，折合人民币 80 多万元。

除了 Entry Scan 之外，GE lon Track 公司还推出过一款便携型探测装置——Vapor Tracer 2。Vapor Tracer 2 可以手持使用，前端带一吸嘴，只要将吸嘴贴在检测目标的表面，就能采集到样本。同样，采集到样本之后会自动进行分析，大约十几秒就能得到检测结果。如果检测出爆炸物或者毒品的分子，就会发出警报。

Entry Scan

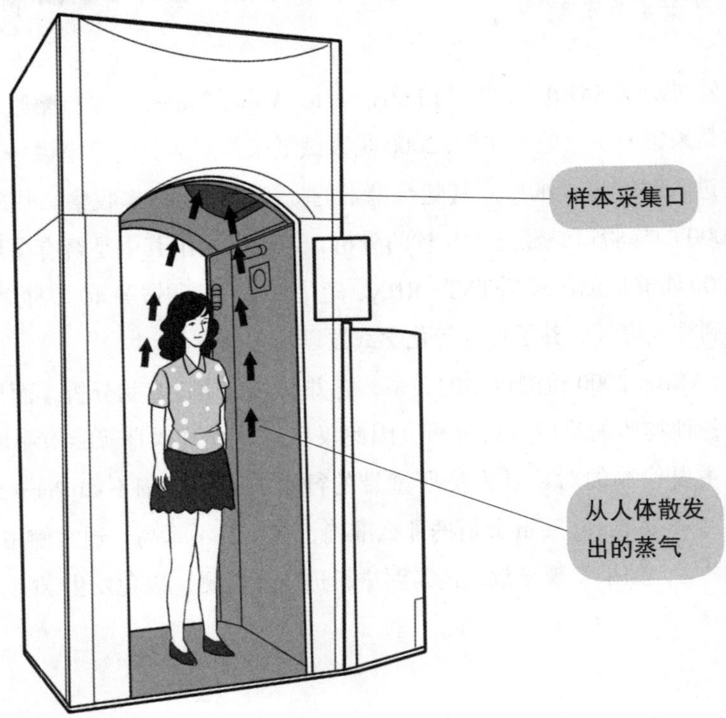

离子轨迹分析的原理

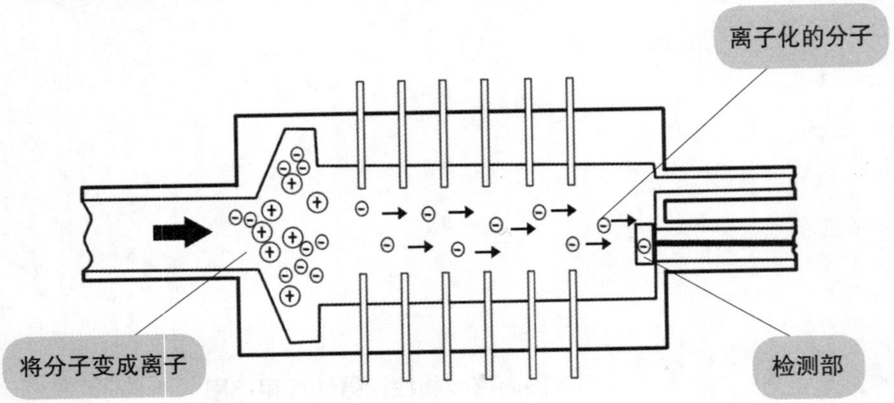

把收集到的样本分子施以高电压让其带电荷形成离子（M 分子会被分成 M+ 与 e–，圈中的 + 代表 M+,– 代表 e–），离子化的分子速度和动向会透过检测部捕捉分析，借此得知它是哪种分子

用于探测爆炸物的装置（二）

GSS公司研制SABRE 2000与Entry Scan、Vapor Tracer 2的检测原理有所不同，虽然同样是采集分子，但SABRE 2000是以试纸来检测的。简单来说，当需要接受检测的人员进入时，将试纸放入其随身携带的提包中进行样本收集。然后把试纸插入SABRE 2000的检验口，经过十几秒的分析，就能显示出其中是否有爆炸物或毒品。SABRE 2000能够检测出包括TNT、RDX、硝化甘油、硝酸铵等40多种爆炸物的分子，还能探测到神经毒气、芥子毒气等化学武器以及各种毒品。

由于SABRE 2000检测机制的关系，它并不需要通过电脑分析，而是以十分敏感的试纸对各种物质的反应进行分析，因此仅凭这一装置本身就能检测出各种物质。不过，它主要检测的对象是人员所携带的行李，可用范围不如Entry Scan和Vapor Tracer 2，也不如Entry Scan分析的那么准确，精度并不算高。通常使用SABRE 2000进行检测之后，如果发现异常，还需要进行进一步检测，以免发生误测。

国内爆炸物探测器的应用范围

- 党政机关、公检法系统
- 机场、地铁、车站、海关等重要场所的安检
- 大型活动、体育赛事等公共场所
- 物流快递包裹检测

SABRE 2000

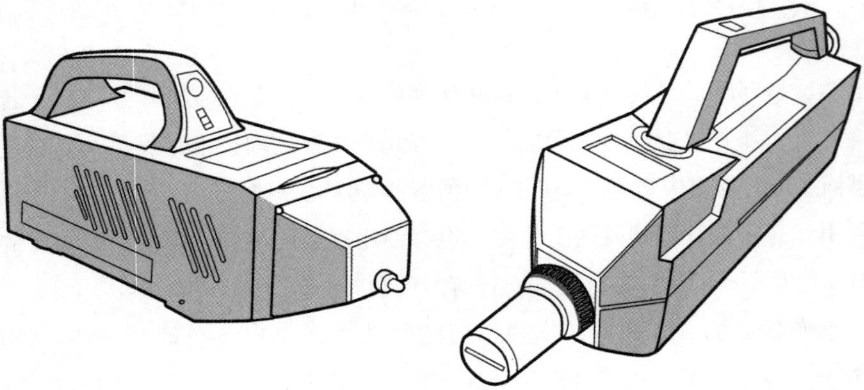

SABRE 2000 的使用法

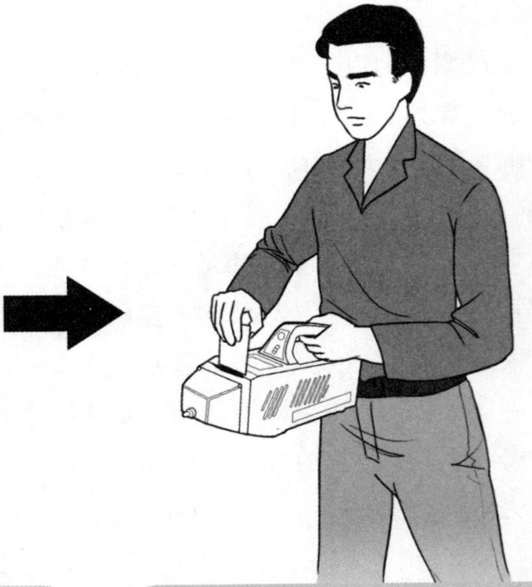

像 SABRE 2000 这种易于操作的携带型检测装置，最适合用于不特定多数人出入的地方，能够迅速完成检查。操作时首先要用试纸擦拭搜索对象物（包、袋之类）

采集样本，然后把试纸插入 SABRE 2000 的采样口，按下把手上的按钮之后装置就会自动进行分析，检测样本是否含有爆炸物，并将结果显示于屏幕上

炸弹处理技术（一）

虽然反恐部队已经具备了多种探测炸弹的方法，但是在发现炸弹之后，若是不能正确处置，炸弹仍会爆炸，造成伤亡。因此，炸弹处理技术是反恐部队在进行反炸弹恐怖袭击时的重中之重。以伊拉克、阿富汗等地区一些恐怖分子使用的IED为例，既有利用炸药、雷管等制成的土炸弹，也有使用现成的炮弹、手榴弹等制成的仿军用炸弹。针对不同的炸弹，处理起来也有所区别。

以炮弹制成的IED为例，炮弹里面的炸药主要是以黄色炸药、TNT、RDX、HMX炸药为主要成分，这类炸药爆炸速度极快，威力极大，而且性质稳定，要通过完整的引爆装置来引爆。一旦引信收到冲击，炸弹内部会产生高速冲击波，迅速令炸药通过化学反应产生高压气体，对四周的物体产生强大的破坏力，也就是通常所说的“爆炸”。相反，如果不是引爆，只是用来点燃的话，炸药也只会燃烧，并不会爆炸。

反恐部队一旦找出炸弹，首要选项是将炸弹拆除。拆除炸弹并不是普通士兵能做到的，需要由专业的拆弹人员负责。大部分时候，拆弹工作由排爆机器人完成。只有遇到机器人无法解决的问题时，拆弹人员才会亲自上场。在这种情况下，拆弹人员首先要穿好防爆服，而这项工作只有在战友的帮助下才能完成。穿防爆服是一项体力活，因为衣服本身的重量就有40千克。防爆服由高科技人造材料制成，共有两层：外层坚硬，内层较为柔软。坚硬的外层可以使人免受弹片之伤；柔软的内层则可以保护士兵们免受冲击波的危害。

一旦穿上防爆服，拆弹人员就要加快行动速度，因为他的体温会不断升高。每过15分钟，防爆服内的温度就会上升10℃。因此，对于拆弹人员来说，防爆服内部的防火层是他们的救星。防火层和宇航服内部的水冷装置很像，它有一个抽水系统，可以从一个特制的水瓶里抽取水分，让士兵的身体凉快下来。即使穿上防爆服并不意味着100%安全，只是增加了拆弹人员生存的概率。

不过，很多情况下，为了确保拆弹人员的生命安全，在面对炸弹的时候还需要考虑是否有其他方法，如直接将炸弹转移到防爆桶中，或者使用水炮以及霰弹枪进行引爆等。

SKT-EOD 工具组

拆弹人员使用的 SKT-EOD 工具组，包括各种尺寸的螺丝刀、六角扳手、活动扳手、钳子、锯子、刀子、镜子、拔钉器等。为了确保在使用过程中不会对炸弹造成任何影响，这些工具都使用了不带磁性的特殊材料制成

炸弹处理用防爆桶

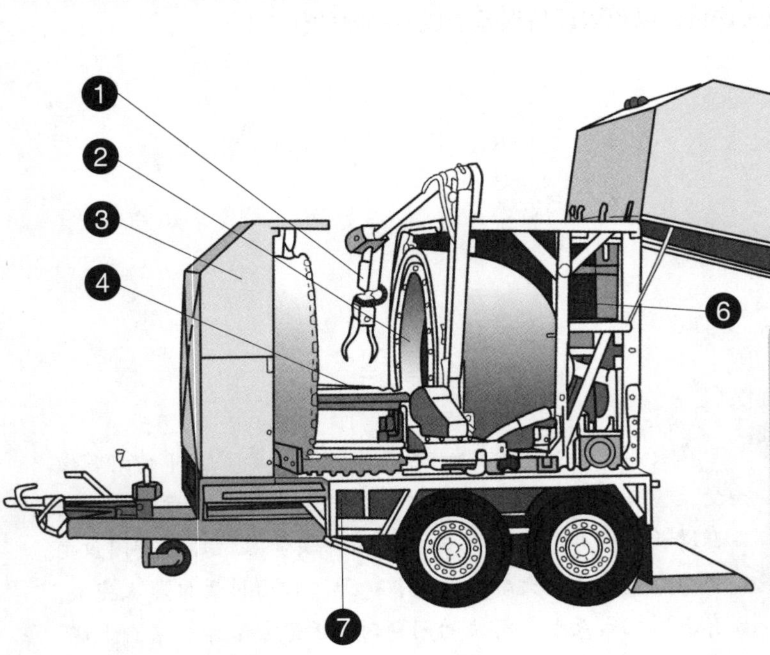

① 机械臂
② 密封舱
③ 舱盖
④ 托盘
⑤ 外罩
⑥ 操作装置
⑦ 台车

炸弹处理技术（二）

防爆桶由高强高模超高分子量聚乙烯纤维制成，用于爆炸物的隔离，阻挡爆炸物爆炸时产生的冲击波和碎片。一般恐怖份子进行恐怖袭击，可能放置炸弹在人员聚集较多的公共场合，反恐部队和拆弹人员找到炸弹后可将炸弹放到防爆桶内，再引爆。这样既可以减少人员伤害，又可以减少损失。在转移的过程中，为了避免因触动炸弹导致爆炸，造成拆弹人员伤亡，通常会从爆炸范围外使用吊索或吊杆，即便爆炸，也能减少损伤。

如果处理的目标是管状炸弹或者放置在手提箱、包裹中的爆炸物，可以试用水炮进行引爆。水炮其实就是高压水枪，通常这种拆弹方式是在周围人群完全能被疏散之后，且炸弹无法被顺利移走时适用。水炮可以安装在拆弹机器人上，以高压对炸弹施压，令其爆炸。

若是时机紧迫，其他拆弹方式无法就位的话，反恐部队会采用更简单粗暴的方式，派遣拆弹人员手持防爆盾，身穿防爆服，从稍远距离以霰弹枪进行射击，令炸弹爆炸。

无论是哪种拆弹方式，都不能确保万无一失。因为在炸弹（尤其是制作并不规范的 IED）爆炸之前，其爆炸威力范围都未知，通常拆弹人员会根据自己的经验，对炸弹的威力进行最大评估，以免因评估误差造成不必要的伤亡。

在美军中，要想成为一名合格的拆弹专家，申请者需要接受重重考验，淘汰率高达 85%。由于申请条件苛刻、训练日期漫长，因此拆弹专家是美军的稀缺资源。目前美国仅有 4000 名拆弹专家。大部分时候，拆弹工作由排爆机器人完成。只有遇到机器人无法解决的问题时，拆弹专家才会亲自上场。

拆除炸弹的方式

拆弹人员利用吊索将炸弹勾起，置于远处的防爆桶中。虽然这种办法比较原始，但实际却非常有效

伸缩式吊杆可以用来将爆炸物吊起移走，同时固定的三脚架能确保移动过程中保持稳定

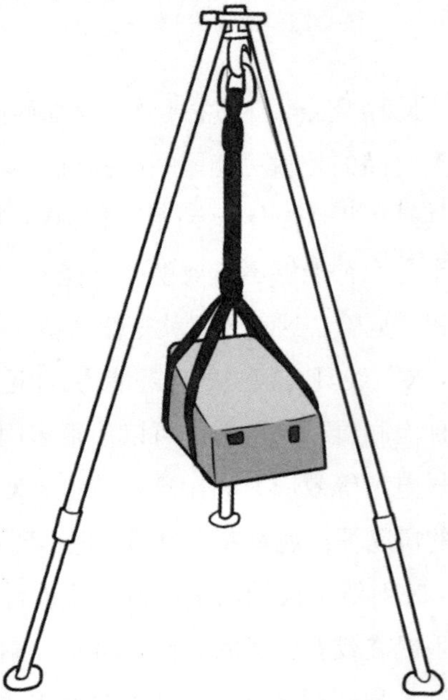

图中是拆弹专家直接使用水炮进行爆破的方式，不过这种方式只用于威力较小的炸弹

虽然使用霰弹枪射击也能起到拆弹的效果，但霰弹攻击范围比较大，有跳弹的危险

1

2

3

4

5

X 射线探测装置

X 射线探测装置主要是针对那些放置在建筑物或车辆内的可疑物品进行检测的，这类物品的外表可能是一个提包或者是盒子，仅从外表是无法分辨里面的东西的。尤其是一些恐怖分子专门设计的炸弹包，如果想要打开检查就会立即爆炸，非常危险。如果有一种能够不需要触碰就能检查其内部装有什么东西的设备，会大为降低检查过程的危险，这种装置就是便携型 X 射线探测装置。

X 射线具有很强的穿透能力，能透过许多对可见光不透明的物质，如塑料、木材等。这种肉眼看不见的射线可以使很多固体材料发出可见的荧光，使照相底片感光以及空气电离等效应。利用这种特点，X 射线被应用在医学方面，它使人类得以在没切口的情况下，观看人体内部，把不同强度的可见光显影在底片上，形成 X 光片。

X 射线不仅能用来照射人体进行检查，也能用在其他方面。例如，以 X 射线照射手提袋或者包裹的时候，由于 X 射线对于不同物体的穿透性有所不同，所以只要透过 X 射线影像，就能在不打开提包或包裹的情况下观察到内部情形。当然，大多数用来检查的 X 射线机是比较大型的，比如我们在车站、机场通过安检的时候都要接受 X 射线机检查。不过，对于反恐人员来说，有时候他们需要在户外对目标进行检查，因此需要一种小型化的 X 射线机。

小型 X 射线机的实现要依靠数码技术的发展。人们利用荧光板将穿透物体的 X 射线转换成可见光，然后用探测器读取，转换为电子信号，显示在电脑等显示器上供人检视。小型 X 射线机通常由 X 射线产生装置、控制装置、电池、感光元件、显示器等几大部分构成。如美国 Scanna 公司研制的便携性数码 X 射线机，使用时将待检查物品放置在感光元件前，然后用 X 射线产生装置进行照射，待检查物品的影像就会直接显示在所连接的电脑屏幕上。电池、控制装置和电脑一起收纳在一个便携手提箱中，然后通过电缆和感光元件连接。此外，虽然 X 射线照射显影的是黑白影像，但却能通过电脑模拟上色，并能选择显示动态画面或静态画面，甚至放大、缩小、旋转都能实现。

RTR-3

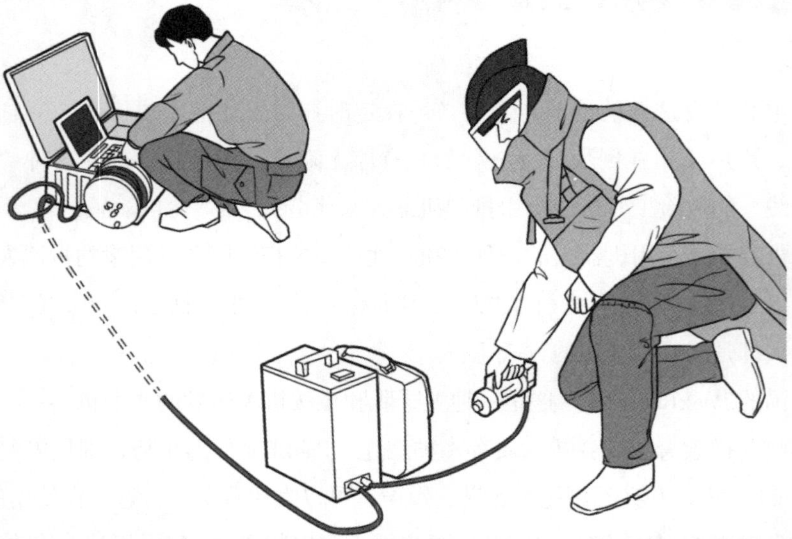

以 RTR-3 型 X 光机对疑似装有可疑物体的手提包进行检查。把手提包放在 X 射线照射装置与屏幕之间，然后照射 X 射线，穿透手提包的 X 射线在屏幕上形成电子影像，然后经由电缆传送至电脑显示于屏幕上

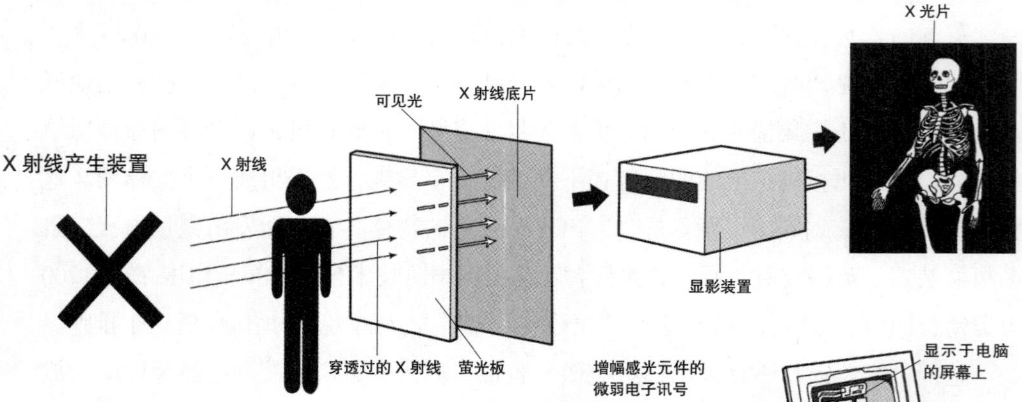

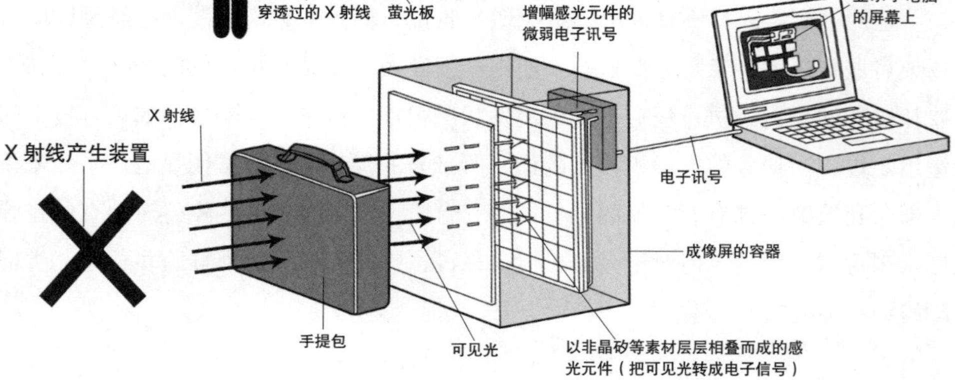

1

2

3

4

5

排弹机器人（一）

许多电影都有这样的情节：主角必须在定时炸弹爆炸前完成拆弹，一旦选错就万劫不复，之后主角在倒数最后一秒前，有惊无险地完成拆弹。现在这种“剪红线还是剪蓝线”的危险工作可以交由排弹机器人来代劳。

拆弹机器人是军用机器人的一种，和其他那些打扫、服务等用途的机器人不同，其形态上更加多样，虽然名为机器“人”，但少有人形，大多数都是以履带或车轮行动。这些机器人都是以遥控操作的方式运行。

以美国的 PackBot 为例，这是一种为军队和执法机关研发的小型机器人，可用于处理爆炸物、搜索警戒、救援人质等多种用途。PackBot 外形小巧，即使安装全部装备也只有 24 千克，并且不用拖车运送，操作者可以直接背负起行进。在使用的时候，操作者背负机器人到达指定地点，从放下机器人到安装启动，仅需不到 2 分钟的时间。Pack Bot 依靠履带行驶，越野能力很强，即使地面凹凸不平或者是泥地、雪地，也能保持每小时 14 千米的速度。PackBot 上安装有监控装置，多是具有变焦功能的 CCD 彩色摄像机，夜间行动时可改装红外线夜视摄像机。

英国的“龙行者”也是非常先进的排弹机器人。这种机器人身高只有 0.23 米，全重只有 7 千克，时速 8 千米。在操作者控制下，“龙行者”可以在各种复杂地形上移动，甚至还能爬楼梯和开门。机器人身上安装 4 台照相机，可以将图像传回给操作者。每个照相机拍摄的图片都在不同的屏幕上显现，然后组成一个立体图。这种机器人可以挖掘周围可疑目标，起出 5 千克重的物体。它还能发出微量电流，阻断可疑装置。英国政府与研制“龙行者”的英国国防技术公司 QinetiQ UK 签署 1200 万英镑合同后，已经获得 100 多个“龙行者”机器人，在阿富汗地区广泛用于排弹。

这两种机器人都不是人形，更类似于履带车辆。一是这种设计已经足以应对战场或者城市环境；二是人形机器人使用难度较大，仅靠双足步行已经非常不易，若要让这样的机器人执行任务，遇到突发状况很难保持平衡。不过，如果有技术能够造出足以担当任务的人形机器人的话，所带来的优势也是非常明显的。举例来说，大部分建筑物中都有着明显的高低落差、台阶、门槛等，这些障碍对现有的排弹机器人来说很难跨越，但对于人形机器人来说，它能够像人类那样跨步行走，类似的障碍物将不再成为阻碍。

PackBot 排弹机器人

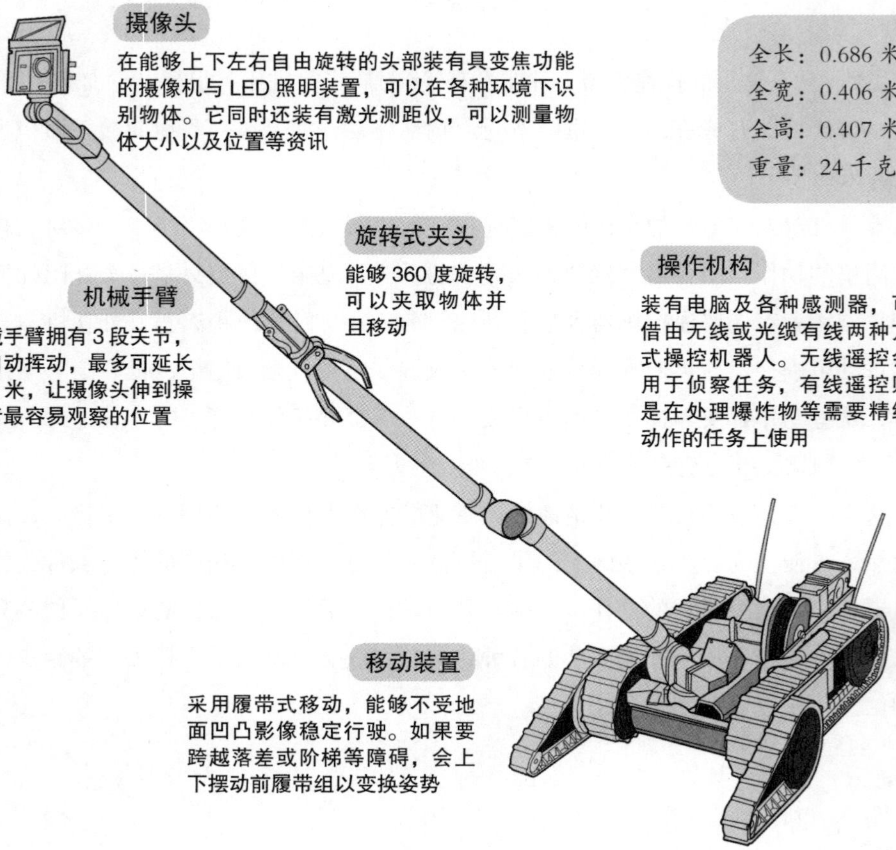

全长：0.686 米
全宽：0.406 米
全高：0.407 米
重量：24 千克

英国皇家后勤兵团一名士兵正在示范最新的小型拆弹机器人，其控制器类似游戏手柄

排弹机器人（二）

当然，现在使用的排弹机器人并非没有优势，履带行进比跨步行走更加节约能源。而且，即使地面有些许凹凸，也能不受影响地移动，加上履带和地面接触面积大，行驶起来比较平稳。

排弹机器人作为一种先进的人工远程操作机器人，难度并不小，许多对人来说非常简单的动作，想要通过机器人来完成的话非常复杂。哪怕只是一个开门的简单动作，操作者首先要遥控机器人顺利到达门前，并且停留的距离正好处在机器人手臂的可动范围，然后再依次操作机器人完成握住门把、旋转门把、推开门等一系列动作，这些动作都要靠操作者遥控完成，每一步都要确保角度、力度合适才行。相比之下，如果要准确地完成排雷工作，难度将更大。

这样看来，似乎要非常严格地培训专业的操作人员才能使用排雷机器人，使用中显然不方便。为此，很多国家的排雷机器人都专门配备了相应的操作软件，能够使机器人自动执行相关的动作。同样是开门动作，通过软件操作的话，操作者只要输入开门的指令，机器人上安装的各种感应装置就会自动启动，探测门的距离、门把的位置，并自动执行开门动作。

历史上第一台拆弹机器人是1972年诞生的独轮车1号（Wheelbarrow Mark 1）。它的缔造者英军中校彼得·米勒想到了用电动独轮车的起落架来牵引诸如汽车炸弹等可疑装置，以便在不产生伤亡的情况下引爆装置。

机器人处理爆炸物的过程

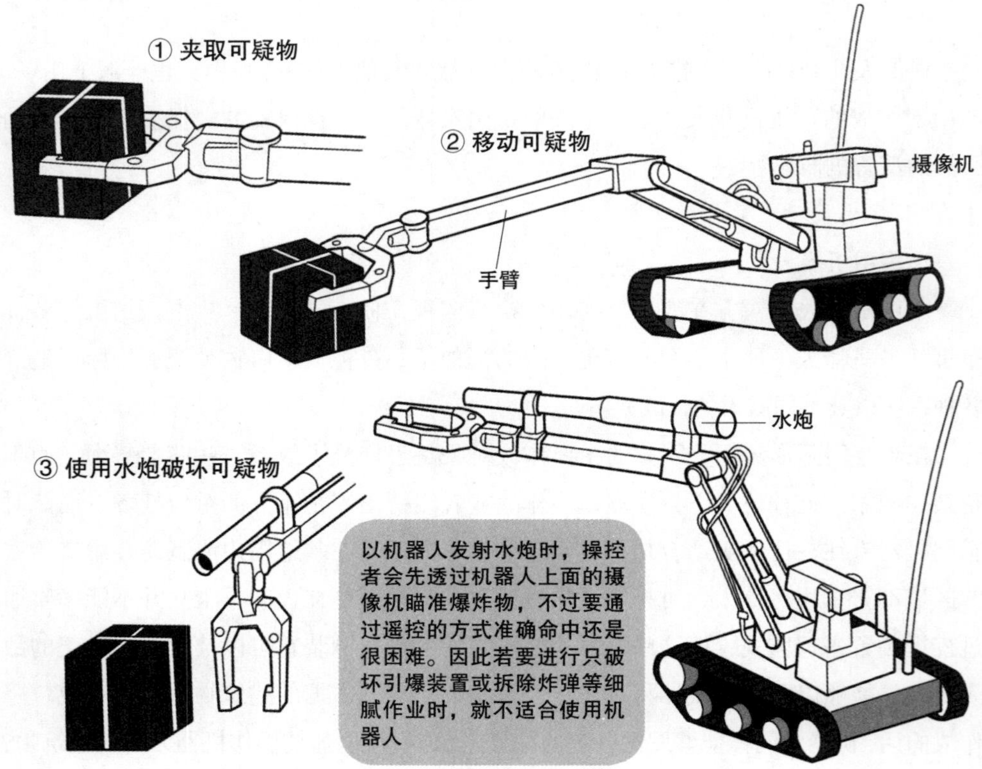

以机器人发射水炮时，操控者会先透过机器人上面的摄像机瞄准爆炸物，不过要通过遥控的方式准确命中还是很困难。因此若要进行只破坏引爆装置或拆除炸弹等细腻作业时，就不适合使用机器人

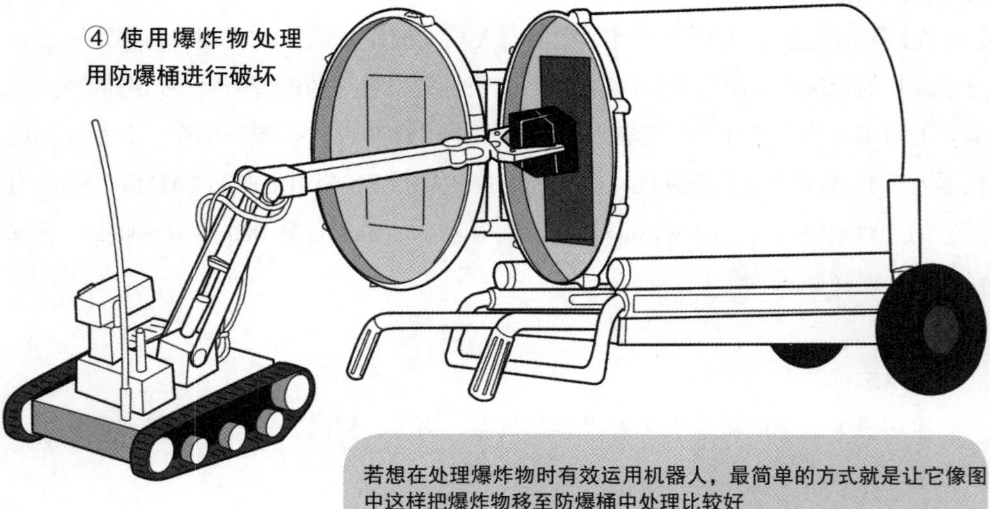

若想在处理爆炸物时有效运用机器人，最简单的方式就是让它像图中这样把爆炸物移至防爆桶中处理比较好

其他军用机器人（一）

机器人并非只能用于排雷工作，在反恐作战或其他工作上，机器人也能派上用场，如用于作战的军用机器人、维持治安的执法机器人、担任保安的安保机器人、帮助灭火的消防机器人等。

·军用机器人

军用机器人是军方在战场上使用的执行监视、侦察、搜索、攻击、扫雷等各种军事任务机器人，通常会配备有更先进的摄像机、夜视仪、声呐系统、目标标记等各种系统以及不同威力的作战武器。

在当今国际形势下，军方的主要作战对象是恐怖分子或者一些武装势力，而不是某一国家。这种情况下，在城镇中作战或者维持治安是军方的重要任务，而此时军用机器人往往比人更适合执行这类任务。军方可以在基地周边或者需要维持治安的区域部署军用机器人，对指定区域进行监视。尤其是在夜间，士兵并不能一直通过夜视装置进行监视，而这些机器人所安装的各种探测装置可以及时发现来袭的敌人，并且能够以配备的武器将其击退。若是要对敌人占据的建筑物进行侦察或攻坚作战的话，机器人同样能够发挥一定的优势。操作者可以遥控操作机器人潜入建筑物，进行侦察或破坏，为随后而来的士兵扫除障碍。

在阿富汗地区，美军已经将军用机器人投入使用。操作者能够在超视距对恐怖分子藏身的建筑物或洞穴进行侦察，或者在目标处设置炸药进行引爆。在伊拉克地区，美军的机器人则主要用于处理爆炸物或者是对爆炸物进行探测等用途。美军使用的机器人有 IRobot 公司生产的 PackBot、FOSTER MILLER 公司生产的 TALON 以及装有武器的 SWORDS（Special Weapons Observation Reconnaissance Detection System，特殊武器监控侦察探测系统）。

·执法机器人

执法机关选用的机器人主要以排弹机器人为主，同时，一些特种警察部队也会选用军方使用的作战机器人。

排弹机器人代替拆弹人员执行搜索和排除爆炸物的工作，如使用机械手臂转移爆炸物、将爆炸物放入防爆桶或者是使用水炮直接爆破。

RST 公司的镇暴机器人

在由美国陆军与海军共同推动的 MDARS 计划（能够搭载各式感测器与武装，并可在野外活动的机器人平台研究开发计划）中获奖的是 RST 公司（现在的 GDRS 公司）的 MOP（野外机动平台）。以此平台为基础，装上可以发射非杀伤性弹药的炮塔，以及用于后方侦察的小型机器人，就成为图中这种镇暴机器人

MOP 巡逻机器人

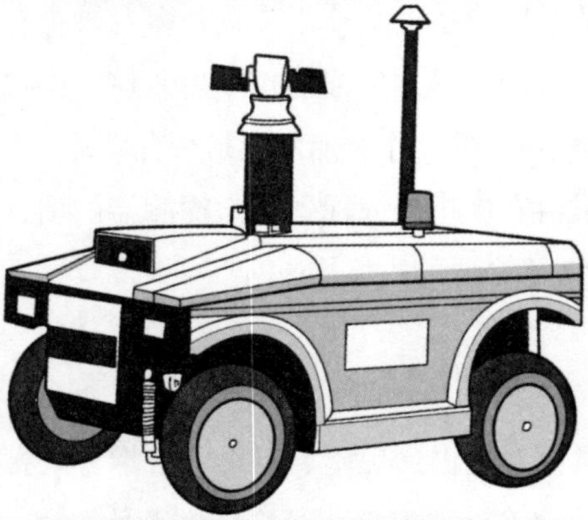

能以 GPS 自动导航的 MOP 机器人，它能在野外一边用 GPS 确认位置，一边执行巡逻警戒等任务

M-G Gard

以色列研发用来进行边境巡逻的 M-G Gard。它配备自动监控装置、自动目标追踪装置等设备，最快能以 80 千米 / 时的速度移动

其他军用机器人（二）

作战机器人的任务类型与排弹机器人就不一样了，它主要用来对疑犯或恐怖分子藏匿的建筑物进行搜索，为警察和反恐部队提供相关的情报。如果没有作战机器人的话，警察或反恐人员往往只能在并不明确建筑物内情形的状态下攻入，很可能会发生人员伤亡。相反，如果有作战机器人先行潜入，利用摄像机将建筑物内的情况发送回指挥中心，就能根据实际情况制订战术。即使机器人在搜索途中被打倒或者摧毁，也能暴露出敌人的位置，而且不会造成人员伤亡。

·安保机器人

目前世界上一些比较大的安保公司都已经选择了安保机器人作为担任安保人员的辅助，通常被用于一些重要仓库、基地、商场等建筑物内的安保工作。如果发现有人入侵的话，安保机器人就会发出警报，并以灯光、警笛等设备进行威吓，某些安保机器人甚至还配备了高压水枪或者烟雾弹等武器。

安保机器人和军用机器人有所不同，其巡逻路线通常是固定的，按照系统设定好的路线和范围进行巡逻，这一点和如今流行的扫地机器人有些类似。也就是说，安保机器人并不能像军用机器人那样做出用“手”握持物品或者开门、越野等机动动作，而是只能在限定范围内沿着没有障碍物的路线移动。

不过，安保机器人本身就是一种辅助性的监视设备，其核心装置是多台摄像机和感应装置，能够随时将拍摄到的影像或者感应到的异常传回监控室。监控室中负责监控的人员只要查看这些影像或者观察安保机器人的动作就能发现是否有异常。

同时，在化工厂或者天然气厂等地，如果给安保机器人配备化学探测器的话，还可以及时发现是否有化学气体泄漏，以免造成不必要的灾害。

·消防机器人

一旦发生火灾、爆炸之类的事故，消防员面对高温、黑暗、有毒和浓烟等危害环境时，若没有相应的设备贸然冲进现场，不仅不能完成任务，还会徒增人员伤亡。消防机器人是特种机器人的一种，在灭火和抢险救援中能够起到重要作用，代替消防人员进入易燃易爆、有毒、缺氧、浓烟等危险灾害事故现场进行数据采集、处理、反馈。

● ALLEN VANGUARD 公司的 Vanguard Mk2

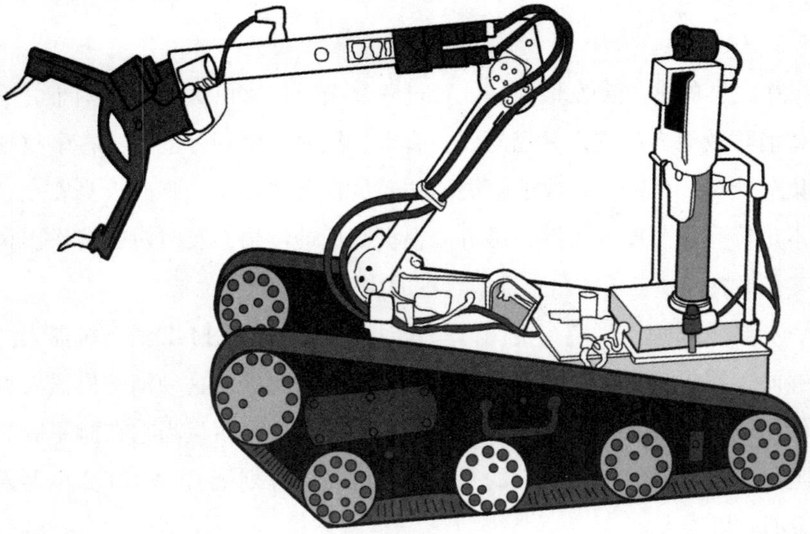

警察等单位使用的机器人讲求实用性，因此必须具备攀爬阶梯、障碍物，以及在崎岖地形移动的高度机动性能

PackBot EOD 的遥控装置，包括屏幕与两根摇杆

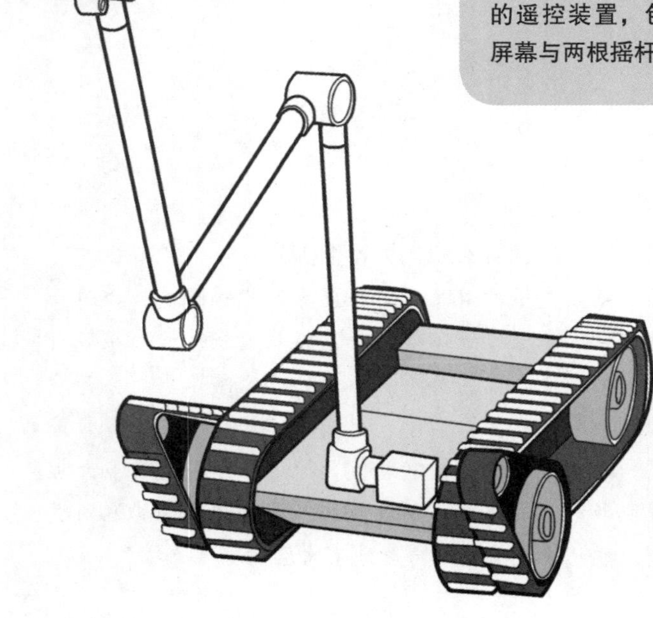

目前美国军警使用最多的就是 iRobot 公司的 PackBot EOD，它有 3 段式的机械手臂，可以执行各种作业

其他军用机器人（三）

火灾、爆炸之类的事故突发性强、处置过程复杂、危害巨大、防治困难。消防机器人能代替消防救援人员进入易燃易爆、有毒、缺氧、浓烟等危险灾害事故现场进行数据采集、处理、反馈，有效地解决消防人员在上述场所面临的人身安全、数据信息采集不足等问题。现场指挥人员可以根据其反馈结果，及时对灾情作出科学判断，并对灾害事故现场工作作出正确、合理的决策。

2012 年，弗吉尼亚理工学院为美国海军设计了一款 CHARLI-2 消防机器人。这种机器人能够同人类士兵一起工作来扑灭海上战舰上的起火。这种消防机器人具备的能力包括使用消防软管、投掷灭火器手榴弹、攀爬梯子，而且当它在海军舰艇的甲板和走廊上行走的时候能够维持它的平衡。美国海军计划把 CHARLI-2 机器人作为船上的自主消防机器人。

日本是世界上消防机器人发展比较早的国家，并已经制造了多种用于消防救援的机器人。如代号为“龙”的无人自行喷水车，可以代替消防员进行喷水作业，每分钟喷水量达 5000 升，所喷的水也可以换成泡沫灭火剂。操作人员只要在远离火场的位置利用无线遥控装置控制机器人进行工作即可，不需要冒险靠近火场。

为什么机器人不像人？

虽然目前最先进的双足军用机器人已能够行走、奔跑和穿越复杂地形，但它们还不能完全克服双腿平衡这一挑战。例如，美国的波士顿动力公司在最近的一次演示中，公开演示的“阿特拉斯”机器人能承受住回转锤的一次重击，只是略微晃了一下；可当它走出实验室，越过一个并没有多大挑战性的障碍物时，却伤了“踝关节”。参加演示的其他同类机器人中，也几乎没有能经得起地形考验的。

● 安保机器人 Cyber Guard SR2/ESP

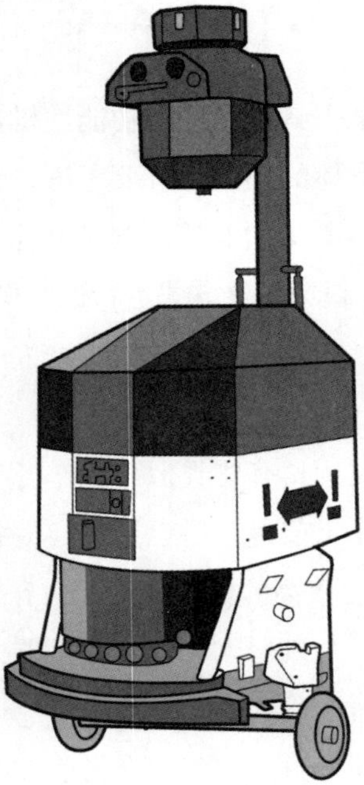

由美国 Cyber motion 公司研发的安保机器人“CyberGuard SR2/ESP”，它是在商场、工厂、大楼等处巡逻的室内机器人，在值勤时只能依据事先输入的路线移动。装在上面的摄像机有平面式与倾斜式，除了能够变焦之外还附有追踪功能，可以加装红外线夜视摄像机、探测入侵用的微波雷达、瓦斯/烟雾侦察器、温度感测器等设备，并能透过感测系统自动检测机器人本身是否有异常，若有异常即进行回报

“龙”无人自行喷水车，除此之外，该系列无人消防机器人还有障碍清除车、救援车等类型

怎样操纵机器人

目前世界上使用比较多的机器人几乎都是针对某一具体用途的功能性机器人。无论是外形，还是性能特点，都以能够完成某一项具体的任务为首要考虑，例如，排雷机器人几乎只能用于排雷，消防机器人除了用于消防之外也很难找到其他用途。同时，这些机器人还有一个共同点，它们都需要通过有线或无线方式进行遥控操作的，所有的动作都有操作者下令执行，并不会自行行动。如此一来，操作机器人的人员必须具备相当熟练的技巧。

从本质上来说，操作机器人和生活中所见的遥控玩具有些类似。操作者只要按下或摇动遥控器上的按钮和旋钮，就能控制机器人作出前进、后退、转向等各种动作。但是，如果想要操作机器人去执行拆除炸弹等难度极高的任务就没那么容易了，炸弹的危险性极高，虽然即使不小心引爆受损的也只是机器人，但这类机器人造价十分昂贵，使用中还是尽量不要让其受损比较好。

让机器人去拆除炸弹，机器人就必须得做出非常细微的动作，对目前的机器人来说，还不可能凭借自己的“思考”工作，一切都来源于操作者的控制。首先，操作者要控制机器人完成简单的移动，从安全距离靠近炸弹；然后调整方向，让机械臂能够顺利地接触炸弹；接下来的动作需要更加小心翼翼，大多是遥控机械臂拿起炸弹，转移到防爆桶中。这一过程中要尽量保持稳定，因为有些炸弹一旦受到剧烈晃动就会自动引爆。

为了令操作者更容易地遥控机器人，所使用的遥控器都会尽量简单，甚至只需要两根摇杆就可以操作，对于一些特殊的动作则可以通过按钮开关来控制。

机器人遥控器

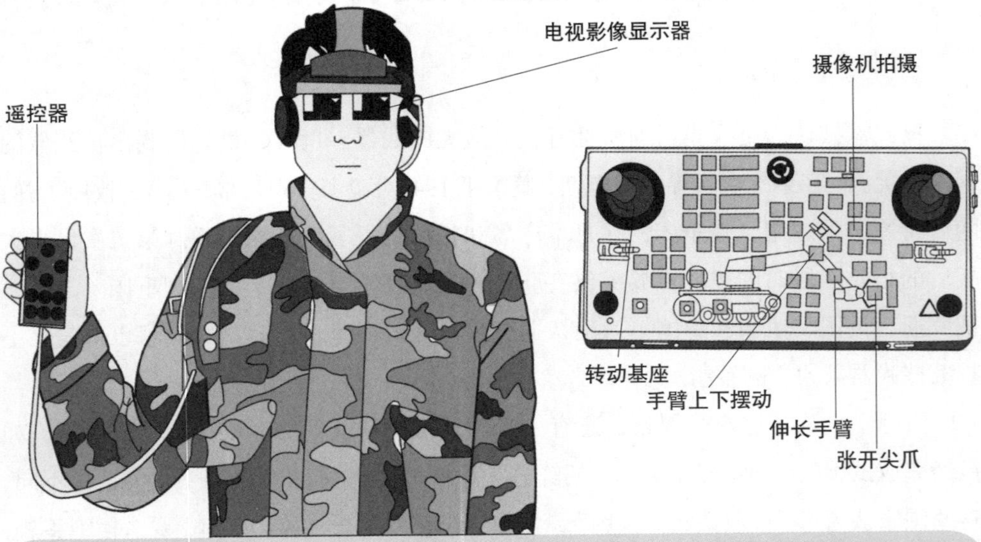

战场环境下使用机器人的时候，遥控器自然是越小越好。图为 FOSTRE MILLER 公司的 TALON 机器人遥控器，并附带有显示器连接机器人的摄像机

普遍的机器人操作方式

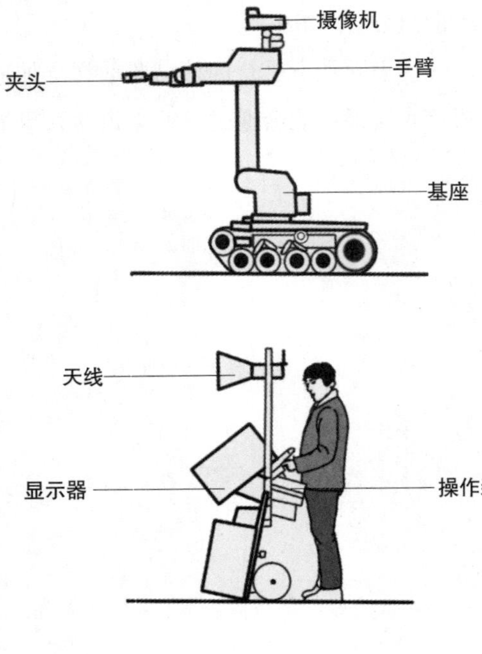

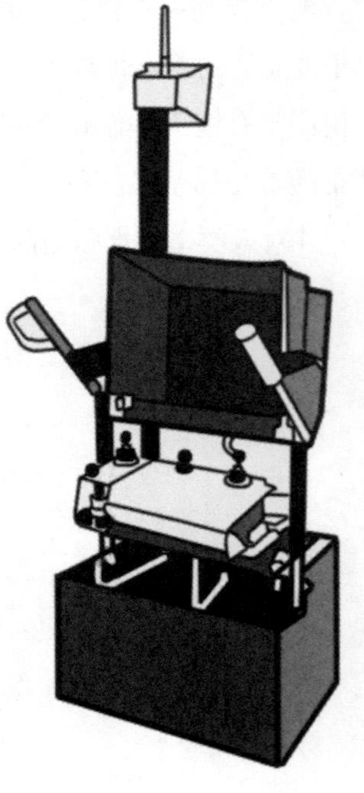

专题：哪些国家拥有核武器

核武器被认为是人类目前所拥有威力最大的武器。世界上最先研制出核武器的国家是美国，在第二次世界大战末期，美国于 1945 年 7 月 16 日试爆了第一枚原子弹，随后将原子弹运用到战争中，在日本广岛和长崎投下了两枚原子弹。第二次世界大战后的很长一段时间里，世界上仅有联合国安全理事会的 5 个常任理事国（美国、俄罗斯、英国、法国和中国）为确认拥有核武器的国家，同时这些国家也都是《不扩散核武器条约》的签约国。

实际上，除了这 5 个国家，还有一些国家在研制或者已经成功研制核武器，如已经完成试爆的印度、巴基斯坦、朝鲜。与签署了《不扩散核武器条约》的五国不同，这些国家认为《不扩散核武器条约》是对自己国家发展核武器的限制，要么拒绝签署，要么在签署后又单方面宣布退出条约。印度和巴基斯坦在 1998 年都进行了武器化的核试验，并对外宣布已经拥有核武器。朝鲜则是在 2003 年宣布退出《不扩散核武器条约》加快了核武器的研制，并且于 2005 年对外宣布拥有核武器。

根据一些资料显示，以色列是继安理会 5 个常任理事国之后率先研制核武器的国家，但以色列一直对这一消息持模棱两可的态度，既不承认，也不否认。来自国际原子能总署的观点也认为以色列属于拥有核武器的国家。

相比于有能力控制核武器的大国，一些小国私下进行的核试验或许更加危险，尤其是随着恐怖主义盛行，小国拥有的核武器很可能会通过一些渠道落入恐怖分子手中，并对人类造成严重威胁。

第三章
对抗恐怖袭击

反恐部队的个人装备

反恐部队是目前各国反恐作战的主要力量。为了确保面对恐怖分子时占据优势，不仅仅要依靠出色的作战本领，装备方面也会选择顶级的。许多反恐部队本身就是特种部队，或者和特种部队联系紧密，因此他们的个人装备完全是以应对特种作战为考量的。

近年来各国反恐部队的典型装备是以防弹背心、插入防弹板的战术背心为防御装备，配备各种特种作战枪械用于攻击。

尤其是现在流行的战术背心，不仅能在四周插入特制的防弹板提高防护能力，还附带有各种口袋和配件，能够携带无线电、手榴弹、弹匣、各种枪械配件等装备，甚至还有一些先进的战术背心配备了补水系统，通过一根管子将饮用水送到队员嘴边。此外，身体其他部位的防护也不能轻视，如配套的战术头盔（能够安装护目镜、夜视镜等装备，同时具备防弹能力）、护肘、护膝等。反恐部队如此看重防护的原因是由于许多恐怖分子可以通过各种途径获得军用突击步枪，一般的防弹衣根本无法抵御。也正是这个原因，反恐部队的武器方面也要拥有足以压制突击步枪的威力。

虽然通常警方在使用枪械时有着诸多顾忌，甚至担心枪械威力过大将歹徒一击毙命，但是，警方的反恐部队就不同了。他们需要考虑的是恐怖分子拥有怎样的火力，必须在火力上压制对方，才可能制服恐怖分子、解救人质。一般情况下，考虑到解救人质时作战大多发生在室内，反恐部队并不常用长度较长的突击步枪，而是选择穿甲能力优秀的冲锋枪作为主要武器，比较有名的有 FN 公司生产的 P90 冲锋枪和 HK 公司生产的 MP5、MP7 冲锋枪。这些冲锋枪尺寸不大，但是使用了特制枪弹，穿甲能力非常优秀，即使恐怖分子身穿防弹衣，在近距离交战中也能成功击穿。

此外，无线电通话装置更是不可或缺的装备之一。无线电通话装置大多是和战术背心配套的，有些战术背心内预留了无线电通话装置的线路，只要佩戴好麦克风和无线电接收装置，插入预留的插孔即可使用。

反恐部队攻坚作战时的装备

下图为ESU队员的其中一种攻坚装备。由于恐怖分子或犯罪者都会持有突击步枪，甚至还会穿上防弹衣，因此特种警察部队队员也会配备如同军队般的强大火力。另外，他们也会穿带防弹头盔和防弹衣等装备，用以强化防护能力

① 保护头部的战术头盔（PASGT 型）
② 护目镜
③ 个人用无线电（摩托罗拉 Astro Saber 无线电通话装置）
④ 颈部防护片
⑤ MP5 冲锋枪
⑥ 手枪弹匣袋
⑦ 冲锋枪或突击步枪弹匣袋
⑧ 战术背心
⑨ 手枪袋和手枪
⑩ 腹部防护片
⑪ 战术靴，兼具坚固和轻盈两大特点，避免长时间穿着疲劳

欧洲警察系统的特种部队人员装备

反恐部队的运送装备（一）

恐怖主义已经是一个国际化的大问题，反恐自然也是。这种形势下，反恐部队的跨地区、跨国调动几乎已经成为常态。相比于传统部队长时间的调动，反恐部队往往要在很短时间内完成部署，并立即执行反恐任务。因此，在运送方面，反恐部队和普通部队有着显著区别。

由于反恐部队是快速应急作战的部队，大多数情况下，留给他们消耗在路上的时间并不多。因此，反恐部队一般依靠的是飞机、直升机、快艇等快速交通工具，这为他们迅速抵达作战战场提供了保障。这一方面，在世界各国中以美军最为擅长。美军的反恐任务通常都是由军方的特种部队执行的。20 世纪 90 年代开始，美军就把原属于军事空运司令部的多支部队独立出来，建立了美国空军特种作战司令部，下辖第 16、第 35、第 353、第 720 等多支航空特种作战群，其主要任务之一就是部队运输，专门负责转运其他特种部队执行特种作战和反恐作战。

除此之外，为了便于作战，美国陆军也专门成立了自己的航空军团——第 160 特种航空团。这支部队专门负责特种部队的运输（不限于执行反恐任务）、战场侦察、补给支援等，其主要的运送装备是直升机。他们所使用的直升机是针对反恐作战和特种作战专门改装过的 MH-6、MH-60K、MH-47E 等机型，这些直升机配备了各种电子设施（气象雷达、GPS 装置、红外线影像装置、卫星通信装置等），具有全天候飞行的能力。

考虑到恐怖袭击并不只是发生在陆地上，水面、水下运送工具也是必不可少的。美军为一些善于水面作战的反恐部队配备了多种舟艇，如“飓风”级近岸巡逻艇、“海幽灵”支援快艇等。这些舟艇属于高速快艇，专门用来应对发生在水面的劫持事件或登舰、登陆作战。

“飓风”级近岸巡逻艇主要配备在美国海军海豹突击队，舰艏配备了了 MK 38 型 25 毫米机炮，同时另有 0.50 英寸口径和 7.62 毫米口径机枪。舰艇上部构造均为钢质，船身部分则为铝合金打造。“飓风”级拥有 3200 千米的续航距离，行驶速度高达 35 节（约合每小时 65 千米）。同时，还能携带突击橡皮艇，舰艉设有专门收放橡皮艇的坡道。

运送装备有多重要?

运送装备令反恐部队拥有了能够在短时间内抵达恐怖事件发生地的能力，从而第一时间处理事件

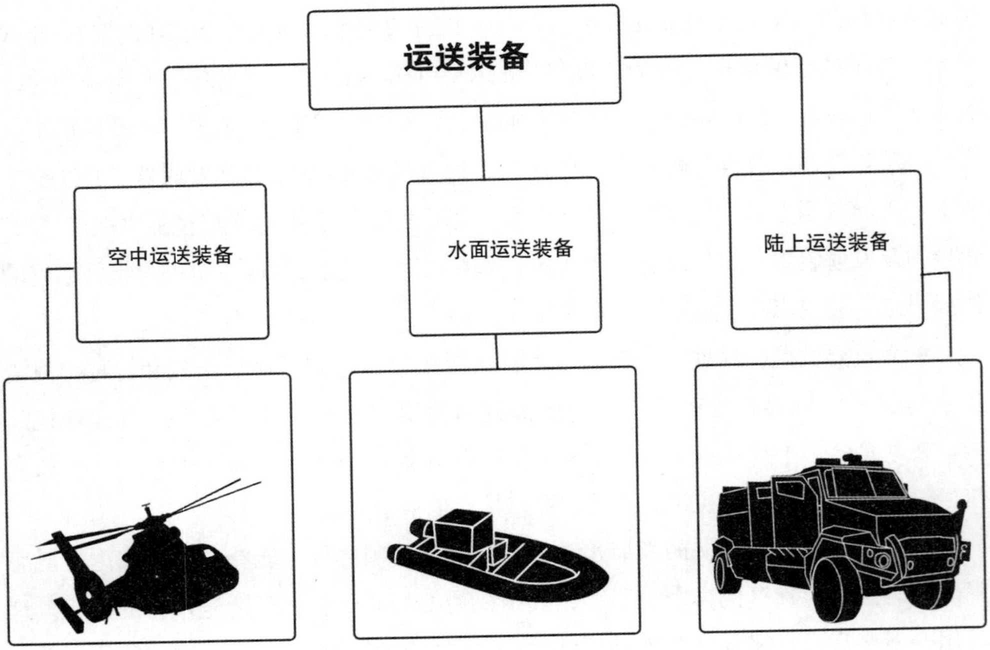

美国陆军第 160 特种作战航空团使用的 MH-60K“黑鹰”直升机，反恐与特种作战专用型号

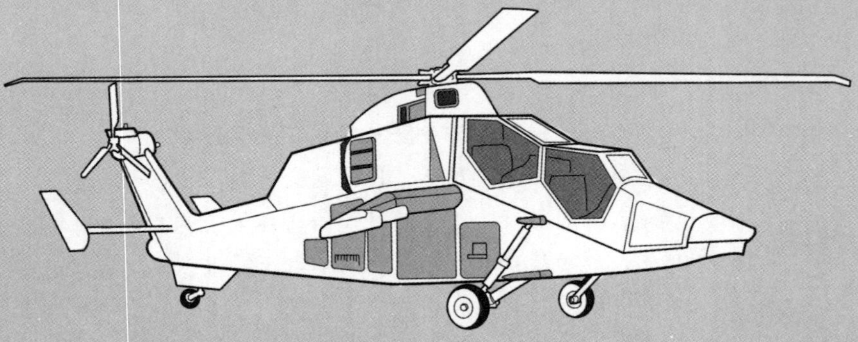

反恐部队的运送装备（二）

作为陆上交通工具主力的车辆在反恐部队中也是必不可少的。虽然车辆大多数情况下是用于短距离移动，但它能帮助反恐部队运送一些比较大型的装备。以前反恐部队所用的车辆大多是直接改装自路虎、JEEP等越野车辆的，从20世纪90年代开始，为了让车辆能更好地适应反恐作战和特种作战的需要，出现了专门的快速攻击车辆（Fast Attack Vehicle），其中的典型代表是美军使用的“滚雷”沙漠侦察车。

“滚雷”沙漠侦察车能携载多种武器，通常携载40毫米榴弹发射器、12.7毫米或7.62毫米车载机枪、“毒刺”防空导弹，也可携载一门30毫米口径加农炮或“陶”式导弹及发射装置。如果配备不同武器，3辆“滚雷”就可组成一个火力组合丰富的作战小组，去完成敌后攻击、营救等任务。

更为重要的是，这些运送装备在设计的时候就考虑到了反恐作战和特种作战需要快速部署到世界各地的特点，因此都能够使用美军的C-5或者C-130运输机运输。尤其是外形本身相对小巧的“滚雷”沙漠侦察车，可以用C-5、C-130运输机和CH-53之类的运输直升机进行空运，并直接在低空借降落伞空投。

就目前各国反恐部队的发展水准来看，除了美国之外，能够在短时间内将反恐部队部署到其他地区的国家并不多，其中最主要的原因就在于运送装备的差距。这类用于专门运送反恐部队和特种部队的载具造价高昂，并不是一般国家所能承受得起的，即使是美国，这类装备也大多被装备给军方的特种部队，交由他们执行跨地区、跨国反恐任务，警方的反恐部队并不具备这种能力。

军用车和民用车的区别

军车由于曝光度低，因此在大家的心中，神秘感十足。但是，毋庸置疑，军车的性能等等各方面都是民用车无法比拟的，作为战争时的用车，它们身上有很多车类极限性能。尤其是耐寒、耐热、耐颠簸等方面，军用车都有着民用车无法比拟的优势。

“滚雷”沙漠侦察车

乘员：3人
车长：4.08米
宽度：2.1米
高度：2.01米
战斗全重：17000千克
最大速度：130千米/小时
最大行程：500千米

“飓风”级近岸巡逻艇

满载排水量：331吨
全长：55米
全宽：7.6米
最高速度：35节
乘员：4名军官，24名水兵

武器装备：2×Mk 38 25毫米毒蛇机炮
5挺0.50英寸口径重机枪
2个Mk 19 40毫米自动榴弹发射器
2挺M240B通用机枪
6枚“刺针”防空导弹

军用直升机和警用直升机相同吗

虽然军方和警方在反恐作战的时候都会动用直升机，但是这并不意味着他们使用直升机的目的相同，甚至同一型号的直升机，具体的配置也完全不同。

军方使用直升机更多是将其作为作战武器使用的，因此各种机型上都搭载了大量武器和各种红外线侦察设备、雷达设备、追踪系统等装置，确保直升机能够全天候进行高精度飞行。此外，军用直升机上都搭载有作战人员和所使用的装备、器材，用于运输这些人员和装备是军用直升机的另一大用途。

相比之下，警方使用的直升机更多的是作为交通工具或者监视系统存在的。警用直升机上搭载有一种在军用直升机上并不多见的装置——带有红外线摄像机的旋转监控摄像头。从这一点不难看出，警方使用的直升机更多的是用来从空中监视地面、搜索逃亡的罪犯，并对地面警察人员和警车进行引导、指挥。

正是由于用途的不同，军方和警方对直升机的选择上有着很大差异。军方需要用到直升机的情况很多，所使用的直升机也多为中型、大型直升机，如美国陆军第160特种航空团经常使用的大型运输直升机MH-47E。这种直升机以CH-47D为基础，采用了许多信息技术，包括玻璃座舱、新型航电系统等，作战半径达500千米以上。在美军扫荡塔利班组织的过程中，这款直升机被大量使用。

警方使用的直升机并不需要直接作战，更多的是为地面的警察提供情报，小型直升机使用得更加广泛，如欧洲直升机公司生产的EC-135。它被广泛地运用于警务与急救领域，警用型号在机首下方安装了旋转监控摄像头，里面装有具有变焦功能的彩色摄像机、红外线摄像机、激光测距仪、激光目标指示装置等设备，多个国家的警方反恐部队都采用了这款直升机。

EC-135 直升机

装在机首下方的监控转塔里包括具有变焦功能的彩色摄像机、红外线摄像机、激光测距仪、激光目标指示装置等设备。而且它还有陀螺仪功能，可不受机体运动影响取得稳定影像

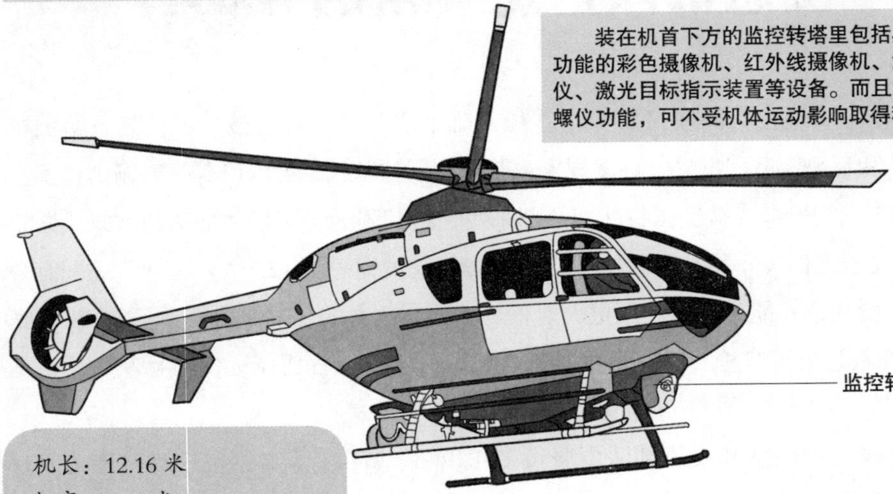

机长：12.16 米
机高：3.51 米
最高速度：281 千米 / 小时
最大航程：635 千米

MH-47E 直升机

MH-47E 是美国陆军第 160 特种航空军团用来支援特种部队的大型直升机

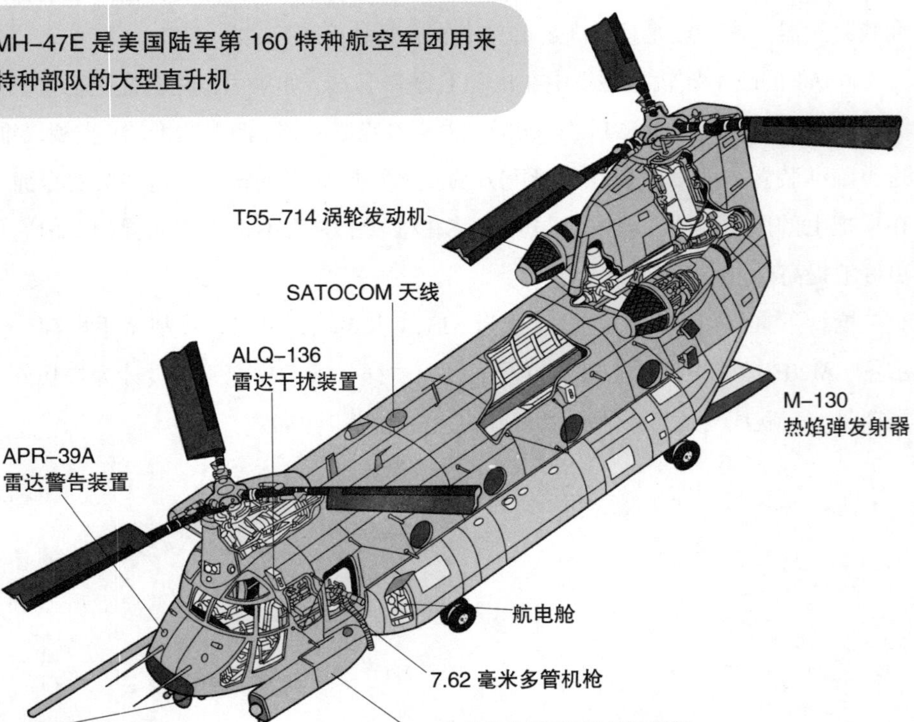

1
2
3
4
5

反恐部队广泛使用的 M4A1

M4A1 卡宾枪是美国在 M16 突击步枪基础上研制的特种枪械，不仅装备给美国特种部队和反恐部队，世界上许多国家也都选用了这款枪，可以说是一款畅销枪型。

M4A1 卡宾枪最先被美国特战司令部采用，将其列为美军特种部队的制式武器，M4A1 相比于之前美军特种部队使用的 M16A2，长度缩短了 125 毫米，同时还配有一段可伸缩枪托，并能改装后使用更大射程、更强穿透力的 SS109 型枪弹。M4A1 卡宾枪和 M16 系列突击步枪一样，采用导气式枪机，不仅射程比较远，而且左撇子也能正常使用。

在各国特种部队和反恐部队中服役多年以后，M4A1 卡宾枪常常被吹捧为 M16 系列中性能最佳的枪型。实际上，由于这款枪本身的目的是为了大批量生产并广泛装备军队，相比于其他一些专门为反恐或特种部队设计的枪械（如 SIG 550、SIG 551 等）仍有不小差距。不过，M4A1 的优秀性毋庸置疑。

M4A1 最大的优点是在设计中考虑到了枪械功能的扩展，加装了战术导轨，能够安装许多配件。根据作战任务的需要，加装不同的瞄准装置或者榴弹发射器之类的大威力武器，这一点尤其能满足反恐作战需要。

M4A1 的战术导轨主要集中在枪管上方和下方，如果去掉提把还能再多加一条。通常美军反恐部队为 M4A1 配备的瞄准器有红点瞄准器、激光瞄准器、夜视瞄准具等，这类瞄准装置一般都安装在枪管上方的皮卡汀尼战术导轨上。这些装置令原本设计在提把上的照门失去了意义，虽然安装在枪管上方时不得不拆除提把，但它们能够更好地提高射击精度。

枪管下方将传统的护木设计改为 RIS 战术导轨，可以装设战术手电筒、激光指示器、M203 榴弹发射器、霰弹枪等配件。这样一来，一把原本设计为步兵使用的枪械摇身一变就成为适合反恐作战需要的特种枪械。

配备 RIS 战术导轨的 M4A1

虽然 RIS 战术导轨可以让枪械装上各种配件，为提高枪支战斗力做出很大的贡献。但因为 RIS 本身也是一种装在枪上的“零件”，因此在连续射击时会造成已经调整好的配件产生偏移，进而使瞄准线出现误差。为了解决这样的问题，装设配件时滑轨部分就改为与护木连同机匣一体成形的设计

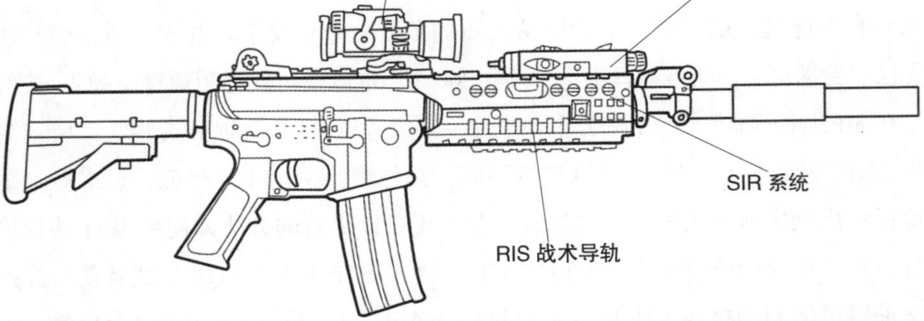

M4A1 的结构

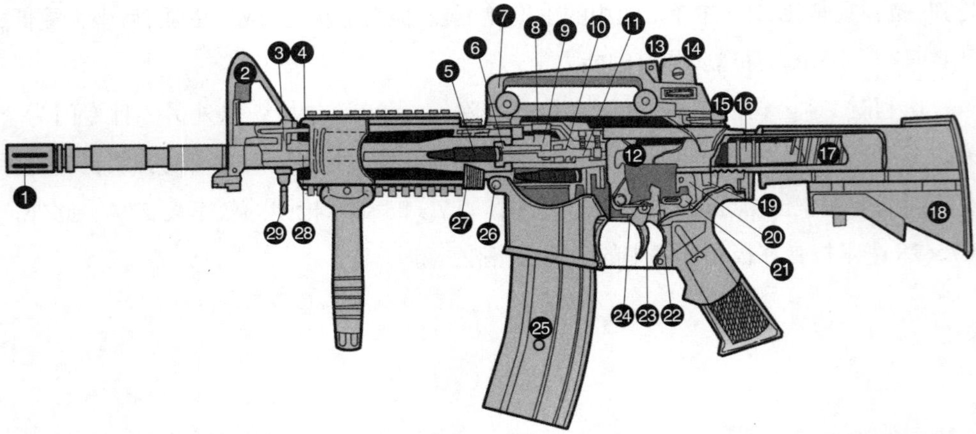

①防火帽 ②准星 ③气孔 ④气体导管 ⑤药室 ⑥枪机 ⑦提把 ⑧枪机座 ⑨凸轮栓滑槽 ⑩机枪环 ⑪撞针 ⑫击锤 ⑬前照门 ⑭照门复进簧 ⑮枪械拉柄 ⑯枪械缓冲器 ⑰复进簧 ⑱伸缩式枪托 ⑲结合插销 ⑳连发阻铁 ㉑射击选择钮 ㉒击锤阻铁 ㉓扳机 ㉔扳机阻铁 ㉕弹匣 ㉖前插销 ㉗前护木固定环 ㉘枪管 ㉙枪背带环

CQB 作战时选用的 MP7 冲锋枪

德国 HK 公司生产的 MP5 冲锋枪享誉全球，尤其是在多次反恐作战行动中，MP5 冲锋枪表现优异，受到了许多反恐部队的好评，一度成为反恐部队的标志性武器。MP5 冲锋枪的性能优越，特别是它所采用的滚轮延迟反冲式技术，保证了极高的射击精度。虽然有高命中精度、可靠、后座力低及威力适中的优点，但 MP5 冲锋枪结构复杂，容易故障，单价高昂且空枪较新一代的冲锋枪重。MP5 冲锋枪使用手枪子弹虽然在可能发生的混战或匪徒胁持人质的场面中防止误杀队友或人质，但却使枪支无法贯穿防弹衣，而且射程不远，只有 200 米，难以应付较远距离穿防弹衣的敌人。

在 MP5 冲锋枪之后，HK 公司研发了一种新型的“个人防卫武器”，后定名为 MP7。MP7 冲锋枪与 MP5 冲锋枪截然不同，其外型与手枪非常相似，射击时除了可将枪托拉出抵肩射击之外，经过训练的射手更可以手枪的方法来使用 MP7 冲锋枪。而且，MP7 冲锋枪枪身短小，所以除了自卫外，更加适用于 CQB 作战及要员保护。MP7 冲锋枪的制作材料也比 MP5 冲锋枪更加先进，枪身广泛采用了复合材料，重量只有 MP5A3 冲锋枪等型号的一半。

更为重要的是，MP7 冲锋枪采用的 4.6 × 30 毫米枪弹是专门为冲锋枪射击的新型枪弹，枪弹重量比 MP5 冲锋枪使用的手枪弹更轻，但射程更远、威力更强、后坐力更低，并具有在一定距离穿透防弹衣的能力。

比利时 FN 公司的 5.7 × 28 毫米枪弹是除 4.6 × 30 毫米枪弹以外另一种专门为个人防卫武器研制的弹药。它与 4.6 × 30 毫米枪弹的威力相近，对穿着防弹装备的目标有相同的效率，但对无防弹装备的目标时，5.7 × 28 毫米枪弹的效率高 27%。此外，5.7 × 28 毫米枪弹在极端环境中的表现也略胜一筹。

HK 公司是一家德国枪械制造公司，全名是黑克勒 – 科赫。HK 公司以生产多种性能优良的手持武器著称，尤其是 MP5 系列冲锋枪、MP7 个人防卫武器以及 G3 和 G36 突击步枪。

冲锋枪子弹

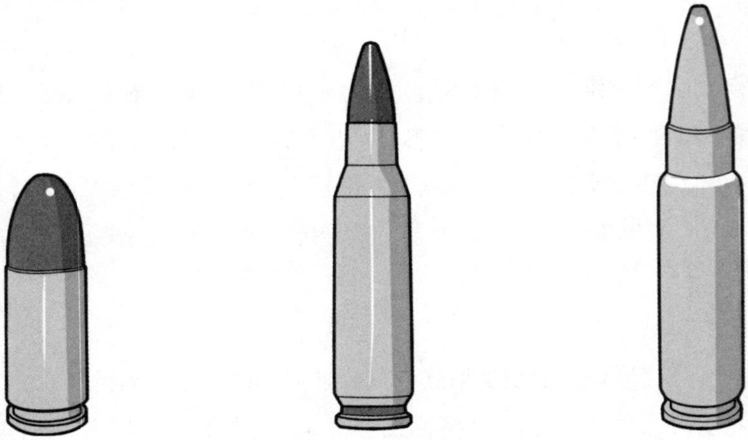

MP5 冲锋枪使用的 9×19 毫米枪弹

MP7 冲锋枪使用的 4.6×30 毫米枪弹

5.7×28 毫米枪弹

HK MP7 冲锋枪的优点

- 枪身短小
- 大量采用复合材料
- 能够单发或连发
- 配有大容量弹匣
- 结构简单，利用枪弹就能完成枪支分解
- 特制消声器不会降低精确度和威力

1
2
3
4
5

反恐枪械配件之瞄准具（一）

反恐部队和在野外作战的部队不同，他们一旦开枪射击，往往要求一击必中，不可能像野战部队那样依靠火力压制进行扫射，否则很可能威胁到人质或者群众的安全。为了打得更准，反恐部队尤其流行在枪械上安装一些辅助瞄准装置，其中最具代表性的就是红点瞄准器、全息瞄准器、激光指示器以及夜视瞄准器。

·红点瞄准器

通常说的红点瞄准器指的是反射式红点瞄准器，简称为红点镜。它的工作原理是LED光源将前方的景象分化后反射到镜片上，虚拟一个景象。红点镜的结构很简单，红点光源按固定角度射向玻璃，反射后与枪管平行，根据不同枪的弹道校调射线角度，与弹道形成两个交点。红点镜用于提高枪的瞄准速度和瞄准视野，但是要求视线要在固定范围内才能使用，头抬高一点就看不到或看不清红点了。

红点镜的核心是分光镜，分光镜其实是一面凹透镜，可以从各个角度将景象折射到人的眼睛中，所以人眼在哪个方向都能看到目标。就好比一个人在短时间内在地面上移动了数千米，而看太阳的位置和移动前还是一个样。不过，由于这个凹透镜本身很小，因此人眼的偏离范围不能太大，只有人眼接收到分光镜反射过来的平行光时才能看到那个红点。也就是说，在一个已经归零了的红点镜上，如果能看到那个红点，这就表明视线和枪械的瞄准线是平行的，只需要把红点对准目标就可以射击了，无须考虑通常射击中必须的“三点一线”。

正是因为反射式红点瞄准器这样的工作原理，射击时能更简单、更迅速地完成瞄准动作，即使视线多少有点偏移，但只要将枪口指向正确方向，就能让红点与目标重合。另外，在光线昏暗的状况下。只要能够依稀看见目标，将红点对上去之后也同样能完成瞄准。

·激光指示器

激光指示器是指利用以激光照射目标的方式来确定弹着点，加装这种配件后，就不用把眼睛靠上去瞄准，而能以各种动作完成射击。在夜间使用夜视装置时，视野会受限，距离感的掌握随之会变差，导致瞄准相当困难，此时只要使用红外线激光指示器，就能在穿戴着夜视装置的情况下目视确认弹着点，使瞄准变得更容易进行。

内红点瞄准器

反恐枪械配件之瞄准具（二）

1 2 3 4 5

激光指示器之所以会成为枪械在实战中的标准装备，主要不是它能在多大程度上提高射击的精准性，而是它在瞄准时的直观性对有生目标造成强大的心理威慑以及提高射击效率。当代表弹着点的红色光点在胸口晃动时，任何人都会意识到自己已成为猎物，其在做出任何举动之前都会三思而后行。

执法部队或是军队配备激光指示器还有另外一个好处，那就是激光指示器指示的直观性非常有利于射手躲在配有目视窗的盾牌后精准射击。此外，在非常紧急的实战中，首要的任务就是随时注视目标的状况而不是时刻盯着眼前的准星瞄准，这个时候，一支激光指示器成为解决射手兼顾瞄准和观察目标的理想准备。除了上述实战环节中表现的好处外，激光指示器还能在训练中帮助射手快速修正射击中的问题、迅速提高精准射击的能力。

尽管激光指示器具有种种优势，但其与枪械的结合方式在射击精度、机件可靠性等方面还存在一个无法避免的缺陷，那就是附加的激光指示器破坏了枪械本身的外形轮廓。虽然有了更高的精度和射击的舒适度，但需要使用特制的枪套及携行工具。同时，激光指示器在比较恶劣的实战环境中表现不佳也容易遭人诟病，剧烈的磕碰、击发时的震动和实战状态下的泥水砂石都容易干扰这种瞄准具的精准度。

·夜视镜

夜视技术是借助与光电成像器件实现夜间观察的一种光电技术。夜视技术包括微光夜视和红外夜视两方面。夜视镜是基于夜视技术同时借助光电成像器所做的辅助观察工具。夜视镜有两种，一种是微光夜视镜，一种是红外夜视镜。微光夜视技术又称像增强技术，是通过带像增强管的夜视镜，对夜天光照亮的微弱目标进行增强，以供观察的光电成像技术。所以，微光夜视镜是把微弱的光放大了，使之在视线中呈现清晰的画面，在完全没有光的情况下，微光夜视镜是看不到东西的，这也是它自身所带最大的缺点，虽然不能瞄准，但能为瞄准提供辅助。

红外夜视镜就是在红外夜视技术的基础上得来，分为主动式和被动式两种。主动式就是夜视镜发出一束红外线，照到物体上再反射回来，相当于手电筒，它在任何情况下都能看到东西；被动式的则是把物体自身发出的红外线放大转化为可见光。因此，如果没有红外源的话，被动红外夜视镜夜视看不到东西的。

激光指示器

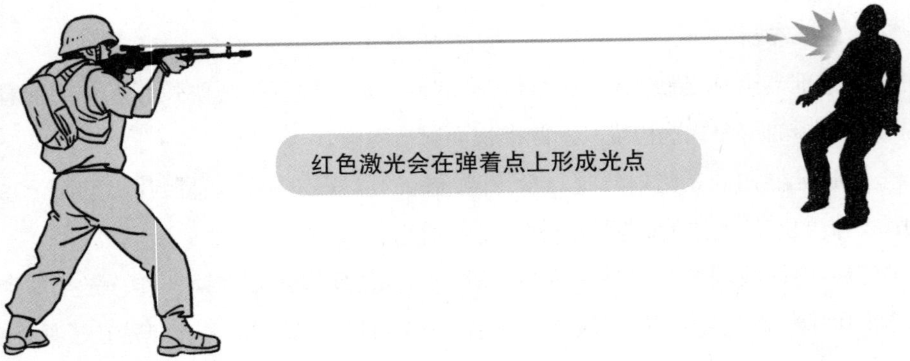

并用红外线指示器与夜视装置

反恐枪械配件之瞄准具（三）

·全息瞄准器

全息瞄准器全称是激光全息衍射式瞄准器，是一种直接观察弹着点并用弹着点作为瞄准目标的革命式速描描具，瞄准快而射击精准。

全息瞄准器用的是衍射原理。全息瞄准镜的屏幕是一块全息照片，上面记录着通过分划板的透射光波的振幅和位相等全部信息。

因为人眼接收到的光线是平行光，所以和普通反射式瞄准镜一样，先把那个人眼看到的虚像，也就是光点位置归零，然后在瞄准时只要看到那个光点落在了目标上，也就表示此刻枪械瞄准线和视线也是平行的，也就准确地瞄准了目标。

全息瞄准能够瞄准运动中的物体，它有着自动定位的功能，即使目标物体在不断运动当中，也能准确地瞄准。除此之外，全息瞄准器使用范围广泛，不仅在军事演习、作战中被频繁使用，在一些射击项目中也有着它的身影。全息瞄准器精度高、清晰度好、耐磨损等的特点令其远胜于其他瞄准器，甚至被看作是瞄准具的革命。

光学瞄准具虽然性能优秀，但价格高昂。而且，频繁使用光学瞄准具会影响士兵的射击水平，因此在训练中，士兵仍然以使用机械瞄准具为主。典型的机械瞄准具由照门和准星构成。最早的机械瞄准具是固定式的，不易调整；现在多数机械瞄准具都设计为可调式，可做风偏与弹道修正。

全息瞄准器的结构

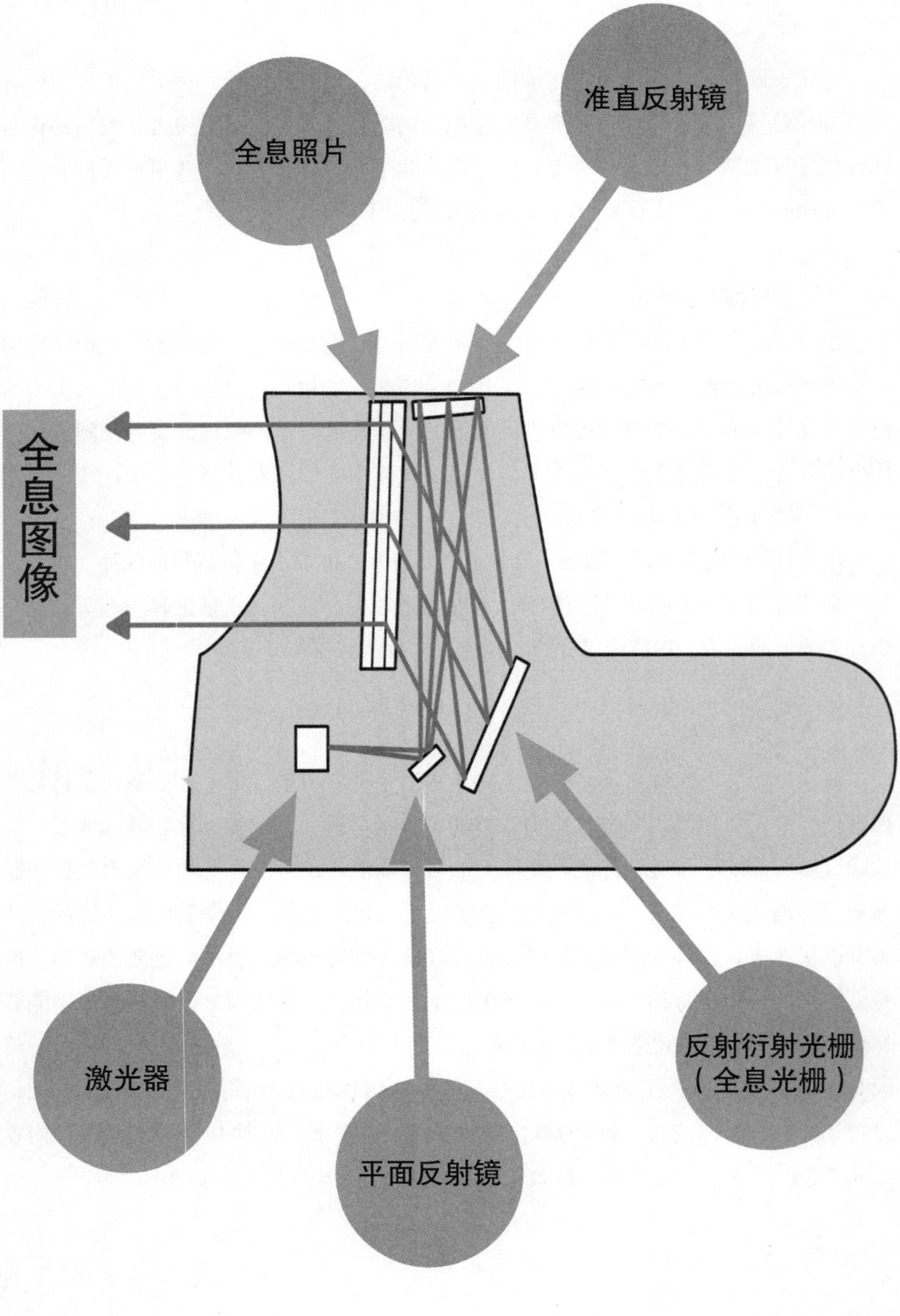

反恐枪械配件之附加武器

1

如果说瞄准具这样的配件是辅助性工具的话，那么像枪挂式榴弹发射器、枪挂式霰弹枪这样的配件就完全是提高枪械威力的附加武器了。虽然突击步枪、冲锋枪在枪械中属于威力比较大的类型，但它们并非是万能的，安装一些附加武器不仅在火力方面有所弥补，更重要的是在某些特殊情况下能派上用场。

·枪挂式榴弹发射器

2

榴弹发射器是能将特制榴弹或手榴弹发射得比用手更远、更精确、更快速发射的小型大威力武器。如果恐怖分子持有 AK–47 之类的枪械，要想冒着其强大火力前进几乎是不可能的，这时候可以借助榴弹发射器发射高爆榴弹进行火力压制或者使用催泪弹令恐怖分子失去反抗能力。反恐部队使用的榴弹发射器多为枪挂式，使用比较广泛的有美国的 M203 和德国 HK 公司生产的 AG36、HK79 等。

3

以 AG36 型榴弹发射器为例，这是 HK 公司为 G36 突击步枪研制的配件。它几乎能发射所有的 40×46 毫米低速榴弹，包括橡胶子弹、防暴弹、催泪弹、烟雾弹、胡椒气体弹、照明弹、白磷弹、鹿弹、镖弹、人员杀伤弹和高爆弹。

·枪挂式霰弹枪

4

霰弹枪能够一次性射出多枚弹丸，非常适合警方用来进行火力压制，尤其是其拥有的大口径可以发射各种非致命性弹药，包括鸟弹、木棍弹、豆袋弹、催泪弹、盐弹、塑胶棒式子弹等，并能产生极大的枪口动能，还可发射低初速极大口径的霰弹块（高能量实心弹头），可用来破坏整道门、窗、木板或较薄的墙壁，使反恐队员可以快速进入恐怖分子巢穴或劫持人质场所，因此成为反恐部队重要的武器。但是，如果队员们在行动中需要额外携带的话，必然会造成负担，因此就出现了能够挂载于枪管下的枪挂式霰弹枪，令霰弹枪和突击步枪合二为一。20 世纪 80 年代，美

5

国 KAC 公司生产了一种 Masterkey 枪挂式霰弹枪。Masterkey 由雷明顿 870 截短改成，以挂架安装在 M16 突击步枪及 M4 卡宾枪系列的枪管下，发射 12 号铅径霰弹，内置管式弹仓，可装填 3 发子弹，若加上枪膛中待射的 1 发，共 4 发子弹。

各种附加武器

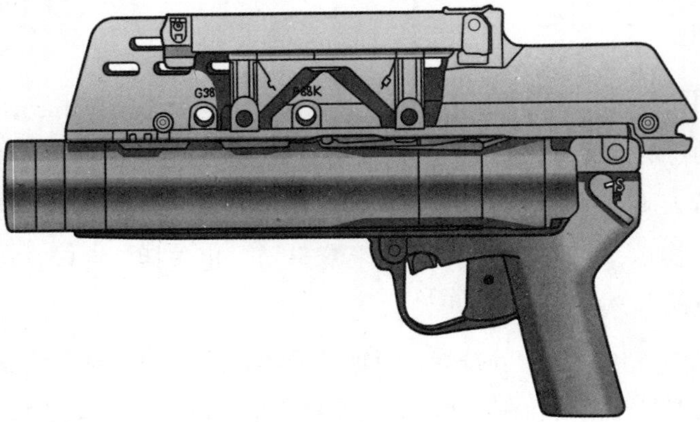

AG36 型榴弹发射器，发射管上部有战术导轨，可以与同样带有战术导轨的突击步枪连接

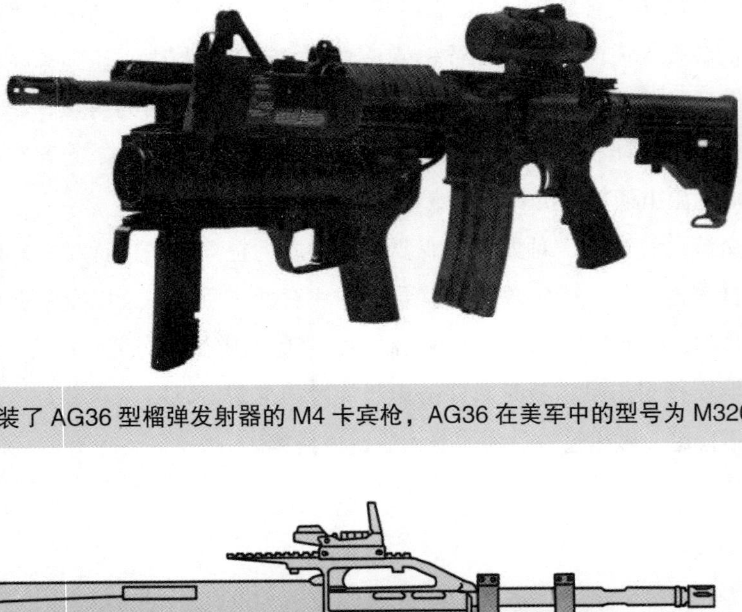

安装了 AG36 型榴弹发射器的 M4 卡宾枪，AG36 在美军中的型号为 M320

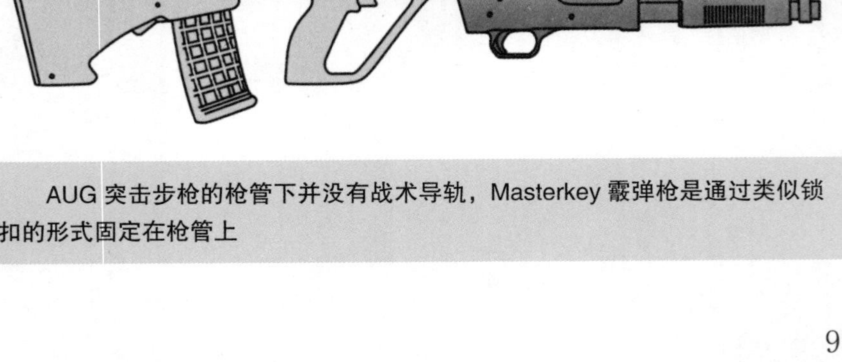

AUG 突击步枪的枪管下并没有战术导轨，Masterkey 霰弹枪是通过类似锁扣的形式固定在枪管上

地铁解救人质

地铁空间特殊，人口高度密集，易成为恐怖分子进行恐怖袭击、劫持人质的目标。而在地铁被劫持的情况下，作战的军方和警察又该如何解救地铁劫持当中的人质呢？

对于劫持人质事件的处理，大概有两条基本原则，一是人质生命安全第一；二是尽可能减少伤亡，既包括谈判专家、特警队员，也包括劫持者。在解救劫持人质的过程中，应该本着这两条原则出发。

由于地铁的运行环境十分特殊，当地铁列车在遭到劫持时无法靠警车去追逐车辆，但是也正因为它被限制在地下铁路这个特殊的空间当中，反而更容易处理。

由于地铁列车是由很多辆车厢连接而成，乘客也很多，光靠少数犯人很难持续占据，而它又是在封闭空间内行驶，只要操控轨道的转折点就能控制车辆，进而掌握其正确的位置，使列车最后被停靠在某一个车站，再进行下一步的操作。

在地铁解救人质的过程中，首先就是要通过地下控制中心让列车在指定的车站停车，同时，参与作战的警察和反恐部队要对车站进行全面的封锁，禁止其他乘客进入该车站，也是防止在解救过程中，犯罪嫌疑人有机会逃跑。当列车在某一车站停靠时，可先派出谈判人员对犯罪嫌疑人进行释放人质的交涉。

如果交涉没有进展，对方也没有要释放人质的打算，在这种时候，就要考虑是否直接选择攻击。一旦确定攻击，就要更加注意到人质的安全以及掌握住犯罪嫌疑人的一切举动，抓准时机，尽快地将其制服，避免人质受到伤害。所以，在攻击时，在现场还会安排狙击手，随时做好击毙劫持者的准备，以防在双方对抗过程中，劫持者情绪不稳定，做出过激行为，对人质造成伤害。

地铁劫持

① 通过地铁控制中心让列车在指定车站停车

② 封锁车站

地铁列车在密闭空间内行驶，只要操控轨道的转折点就能控制车辆，进而掌握其正确位置。最后列车会被停在某个车站，并说服犯人投降，进行释放人质的交涉，如果交涉没有进展，就会选择强攻

③ 与犯人进行释放人质的交涉

④ 攻坚部队展开攻击

⑤ 狙击班

反公共汽车劫持作战

与飞机和地铁不同，公共汽车更贴近于人们的生活，并且涉及的范围更广，如若公共汽车遭到劫持，公共汽车的自身的特点也会影响到反劫持作战。

在碰到公共汽车劫持时，解决手段依旧是攻击劫持者并解救人质。而攻击方法有好多种，其中之一就像某些电影情节一样，把被劫持的公共汽车引诱到大型户外停车厂之类的开阔空间，以便于埋伏，让公共汽车无法离开该处。在这个时候，就可以让攻击小组在周围车辆上待命，并伺机展开攻击。在这个过程中，也可以考虑使用直升机。同时，还需要在周围配置狙击手。在执行攻击作战的时候，主要目是解救人质，并逮捕劫持者。

首先要做的是调控交通，将被劫公共汽车赶入埋伏地点。如封锁前后的道路，让公共汽车无法自由行驶，以此控制它的前进路线，只能被迫按照“设计”的路线行驶。当公共汽车被赶到埋伏地点之后，就要用警车或卡车等车辆挡住它的前后道路，让它被迫停下，并且动弹不得。当公共汽车停下来之后，寻找时机，马上让待命中的攻击部队上前夺车。在行动之前，必须要充分了解到车内的具体状况以及劫持者数量等情报，然后确定攻击方法和程序。

寻找时机攻击并不是贸然攻击，一般会先对劫持者进行攻心战术，双方进行谈判交涉，劝告劫持者释放人质并自首。此时，也还是要在可狙击的范围内配置狙击手，在监视劫持者的同时，也待命随时狙击劫持者。万一谈判破裂、屡屡不见有进展，或是人质陷入危险时，就要立即展开攻击作战。下手一定要快狠准，攻击部队就要搭乘卡车或其他车辆靠近公共汽车，以便同时进行攻击动作。如果在攻击时使用了直升机，在攻击作战时，就会让攻击队员从直升机绳索降至公共汽车顶部，然后观察车内状况，伺机投入震撼弹，使待命中的攻击队员以此为信号一齐冲进去。

最后完成反劫持作战，并且顺利解救出人质，在这时也不能大意，劫持者可能有多名，所以要对嫌疑犯进行身份的确认。

封锁、营救

在进行营救准备之前，封锁被劫持车辆的行进路线是首先要完成的，如此才能继续后续战术

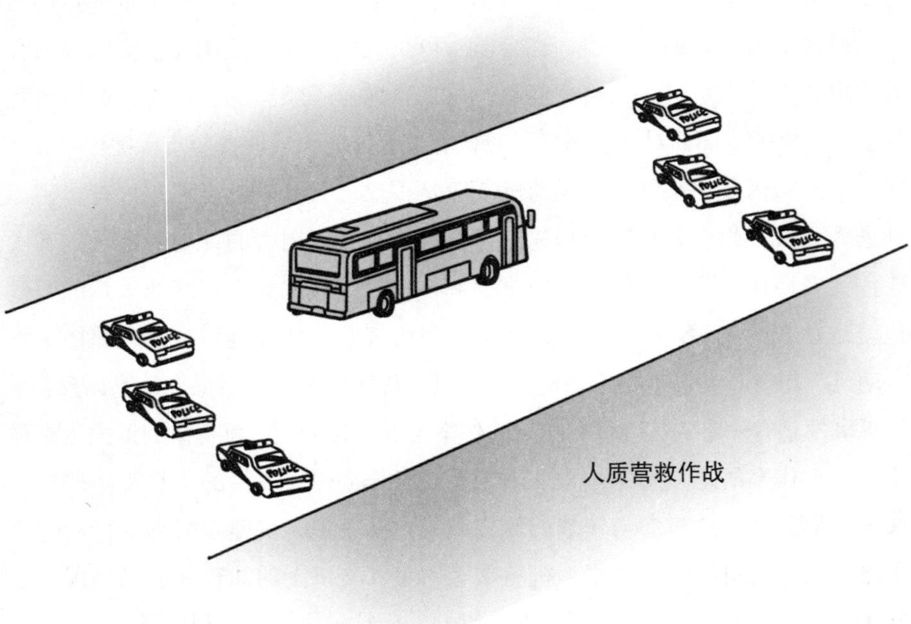

人质营救作战

反劫机作战（一）

如今，机场都有使用金属探测仪和X光检测装置，让乘客无法携带危险物品进入飞机。通过机场各处的监视器，也会监看可疑人物，并透过认证系统辨别乘客是否本人，阻止无关人员进入飞机。但是，如果恐怖分子顺利通过了机场设置的重重关卡登上了飞机呢？那面对劫机事件，应该有着怎样的作战准备与步骤呢？

从往次的劫机事件来看，一场劫机一般是蓄谋已久的。机场现在检查严密，要想顺利进入飞机，劫机者势必要预先选择好目标，做好周密的计划和部署。其次，劫机事件突发性比较强，劫机者在实施犯罪行动时，通常是人们麻痹大意的时候，而往往就是在人们无意识的情况下，才会使恐慌气氛急速蔓延。劫持者劫持飞机的诱因、动机、作案时间等都是不确定的，而且其作案的手段及后果也是难以预料。

劫机事件具有一定的特殊性，劫机的作案情况很复杂，可以行动的形式也多样，情况不明，且作案的地点易守难攻。因为反劫机作战时，飞机的机身密闭严封，而机场又是地形开阔，这对参与作战的警方或是军队来说，实施隐蔽突击行动时将会十分困难。加上飞机出入口狭窄，机舱乘客密集，飞机上的油箱又易燃易爆，不便于进行兵力火力的对抗。这一些因素都会影响着反劫机作战的顺利进行。

在处置劫机事件的过程中，要根据现场敌我态势和飞机舱内外情况变化，把握最佳时机，运用灵活的战术手段进行处置。实施武装封锁是前提，关键就是要稳定局势、控制现场。对现场进行侦察活动，才能了解劫机者所使用威胁物的种类、掌握其活动的规律等。

劫机者使用暴力手段，以人质作为交换条件而达到某种目的。在目的未达到时，一般不轻易伤害人质。所以，在处置过程中，先采取政策攻心的方式，稳定劫机者的情绪，使其丧失斗志，即使没有成功，也能稳定局势，赢得准备时间。当然，在处置过程中，一定要有耐心，不急躁不盲动，否则若是触及惹怒到罪犯，不仅解救人质的目的难以达到，而且还会带来更大的危害。

在对劫机者攻心未果之后，就势必要选择攻击了。必须要在短时间内控制机舱，让劫机者措手不及，反恐作战队员会从飞机的各个登机门以及逃生门一起冲进去。攻击前丢入震撼弹让机舱内劫机者与人质暂时失去方向感和思考能力，有时也会采用在攻击反方向上吸引劫机者注意力的方法。尽量不让劫机者分散，而是要在攻击之前先执行一些能将其集中至一处的佯攻作战，以便于迅速将其制服。

● 劫机事件攻坚作战

在对飞机进行攻坚作战时，为了让犯人措手不及，必须在极短的时间内压制机舱，因此队员会从飞机的各个登机门以及逃生门一起冲进去。攻击之际会先丢入震撼弹让机内的劫机者与人质暂时失去方向感和思考能力，只能待在原地无法动弹。有时候也会采用在攻击反方向上吸引犯人的注意力。不论如何，最重要的是需在震撼弹爆炸的同时冲入机内。如果犯人数量不少，就尽量不要让他们分散，而是要在攻击之前先执行一些能将其集中至一处的佯攻作战，以利迅速歼灭。以飞机来说，因为周围视野在很多地方都会被屏蔽，所以还可以混在加油或补给餐点的人员中接近机体，然后经由轮舱或是货舱悄悄进入机内再伺机行动

在攻坚进入飞机时，因为登机口的位置比较高，所以会需要梯子。一般都是由攻坚队员自行准备梯子接近飞机。迅速布置与瞬时攻坚是作战成功的关键，有一种在车辆上设置平台以利攻坚的系统。它可以把梯子装在车辆上面，直接驶近飞机之后再将梯子挂到登机口或机翼上。这种车辆还配备有强化装甲，此系统是由 SAS 研发，同样的系统现在已被世界各国特种部队采用

反劫机作战（二）

除了在战术上、行动部署上注意以外，在装备或是一些事先预防设置上也会起到很大的作用。比如在攻进飞机时，因为登机口的位置比较高，所以会需要梯子，在以往，一般都是由攻击队员自行准备梯子接近飞机，但这样的话，就会拖延时间，耽误了最佳作战的时机。因此，现在出现了一种在车辆上设置平台以利攻击的系统，它可以把梯子挂到登机口或机翼上，给反劫机作战提供了良好的作战条件。而饱受恐怖袭击的美国，为了防止劫机发生，在民航客机中会配置便衣航空安全官，他们可以在机舱内合法持枪，这样给同乘的乘客增加了不少的安全感。

处理劫机事件的最终目的是保护人质和航空器的安全、打击劫持飞机的恐怖事件。在整个作战活动中，现场决策及战术手段的运用、武器和非杀伤性武器的使用，都必须围绕这个目的进行，灵活运用战术，保护人质的安全，最后达成战斗目的。

影响最大的劫机事件

“9·11”事件无疑是历史上影响最大的劫机事件。2001年9月11日，19名基地组织恐怖分子劫持了四架民航客机，其中两架飞机分别冲撞纽约世界贸易中心双塔。这次事件不仅造成了近万人伤亡，更直接引起了美国发动阿富汗战争。

预防劫机发生

反劫机最有效的手段就是防范于未然，机场都有金属探测器和X光机，让乘客无法携带危险物品进入飞机。监视摄像机也会看可疑人物，并透过认证系统识别乘客是否为本人（已有一些国家采用虹膜识别系统），阻止无关人员进入飞机

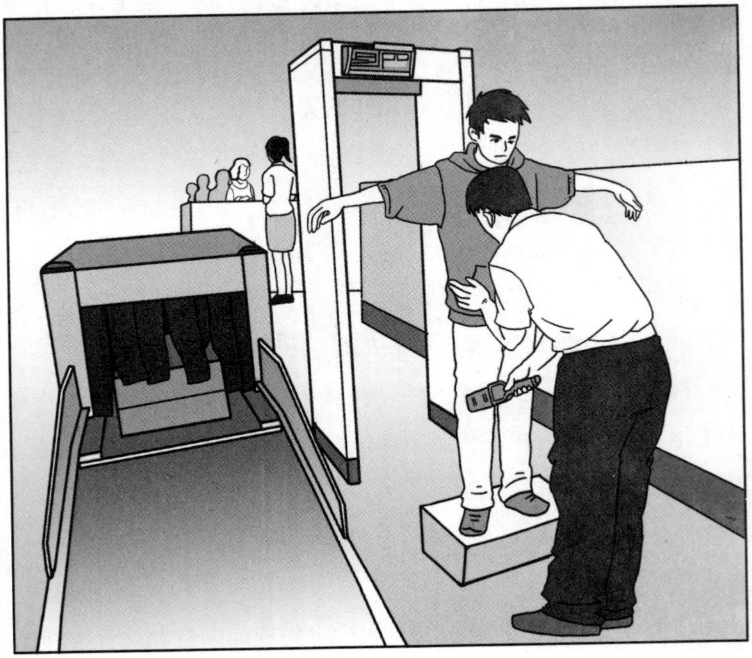

美国为了防止劫机发生，在民航客机中会配置便衣航空安全官（Air Marshal）。他可以在机内合法持枪，有这种能够对抗犯人的人员同乘的确令人安心不少

专题：近几年横行的 ISIS 是怎样的组织

ISIS 是“伊斯兰国”的简称，这一组织自称要建立一个囊括叙利亚、黎巴嫩、约旦、以色列、巴勒斯坦等国家的“大伊斯兰国”，甚至宣称其对整个穆斯林世界具有统治地位。然而，实际上这一组织是怎样的呢？

由于“伊斯兰国”同时兼具宗教狂热与恐怖主义于一身，目前没有任何主权国家承认这个政治体或是公开与其联系。事实上“伊斯兰国”几乎与国际上所有主流国家处于战争状态，欧盟、英、美、俄罗斯、乃至周边约旦、黎巴嫩、伊拉克、伊朗都出动军事力量与其交战。其政治体更是受到联合国认证的恐怖组织，其处境非常孤立，甚至不如曾经在阿富汗掌权的塔利班政权。

从 2014 年该组织正式改名“伊斯兰国”之后，已经发动了多次恐怖袭击或屠杀：

2014 年 8 月中旬，在叙利亚东部代尔祖尔省共杀害了当地部族 700 人；

2014 年 9 月，先后公开处死了多名美国、英国记者；

2015 年 1 月，伊斯兰国绑架两名日本人质后向日本政府勒索，遭拒后处死了两名人质；

2015 年 4 月 12 日，伊斯兰国成员用机枪扫射韩国驻利比亚大使馆，造成 2 死 1 伤；4 月 15 日，枪决多名基督徒；

2015 年 6 月 25 日，伊斯兰国在叙土边境发动炸弹袭击，造成数十人伤亡；26 日，突尼斯一酒店遭到伊斯兰国成员乱枪扫射，造成至少 39 人死亡、36 人受伤；

2015 年 7 月 20 日，土耳其尚勒乌尔法省苏鲁奇镇的“阿玛拉文化中心”发生一起爆炸案，造成至少 32 人死亡、104 人受伤；

2015 年 11 月 12 日，伊斯兰国在黎巴嫩首都贝鲁特发起连环自杀炸弹攻击事件，至少造成 43 死、近 240 伤；

2015 年 11 月 13 日，法国巴黎发生枪击案及爆炸事件，至少造成 132 死 352 伤；

……

第四章
社会治安维护系统

镇压暴动用装束

对于镇压暴动的警官和士兵来说，保证其自身的安全是行动的前提条件，那么，镇压暴动所配置的装束就格外重要。镇暴装是用来保护负责镇压暴动的警员和士兵，人们有时会把镇暴装与防爆服加以比较，这两者之间是有一定的关联和相似点，但功能却是完全不一样的。

在镇暴行动中，镇暴的警员和士兵可能会遭到暴徒的攻击，所以，设计重点必须是保证他们能够灵活活动，同时，本身的重量应尽可能地减少，在保护负责镇压警官和士兵的同时，让他们可以轻松地活动身体得以进行攻击。

镇暴装的防护重点是抵挡暴徒投掷石头或持木棒等钝器时的冲击。所以，一般而言，在镇暴装的头盔上，会设计透明面罩，上衣与裤子里面塞有海绵缓冲垫，身上还会有塑料制的防护板和手脚护垫，整体结构有点类似于古代的盔甲。

根据发生暴动时具体的情况，镇暴装也有所不同。镇暴装有轻型镇暴套装和重型镇暴套装之分。轻型镇暴套装在设计上更注重保证着装者的灵活，所以在手臂防护组、身体防护衣、腿部防护组相互连接的地方，使用了连结扣。其缺点就是有多处空隙，除了防护组部分有防火功能以外，其他空洞部分全无防火效果；重型镇暴装则分为上衣和下裤，衣服材料有防火功能，衣服里设有吸收攻击的塑胶和泡棉，密不通风，没有任何空隙，虽然防护周密，但活动有所不便。

除了最基本的镇暴套装，镇暴部队的成员还有其他的一些必要的护具，如防护手套、警用军靴、防毒面具之类的。防护手套是属于重装镇暴人员配备，以此抵挡防御暴动分子攻击手部多数关节；镇暴人员在镇暴现场所穿的鞋，多为军用大头皮鞋材质，为了防止现场可能设置的暗器与杂物刺伤或绊倒；防毒面具则是在预备使用胡椒喷雾、催泪瓦斯等物品时，装备后防止任务人员吸入，也是预防示威者使用类似气体。

Techman 公司的重型镇压暴动用装束

Med-Eng 公司出品的 V-Top 轻型镇暴装

镇暴时的基本队形

防止暴动发生是治安维持活动最大的目的，一旦发生暴动，那也只能执行镇压。而在镇压时最大的重点，就在于如何控制现场的群众。

在镇暴控制现场，如果群众尚未失控转化为暴徒，这时就能通过各种队形施展威慑战术，从而控制群众，发挥效果。以美国反恐部队为例，他们在应对此类事件时，如果要表现出威慑力，并以少数人员切断大量人员，使其易于控制时，就会使用具有攻击性的“楔状队形”，其也被称为“班楔子队形”；仅仅是防止暴动升级的话，则会选择回推群众，使用防护的“横队”，“横队”也是最为简单常用的队形；若是把群众引导至比较容易控制的空旷区域时，就会组成易于改变群众走向的攻击用“梯队”，因为是以两个单位来作为队形的排列，所以它也叫“两班梯队”。

各种各样的队形，在防暴镇压的过程中，会依据其用途选择连用。在连用变换的过程中，各种队形会透过指挥官以手势下达指令，士兵得到指令之后，迅速地变换队形。所以，负责镇暴的部队，也要接受这种队形的训练。

如果此时群众已经无法单靠队形控制，并且开始出现激进者投掷石头，开始发起攻击，有转变成暴徒迹象时，就要考虑使用非致命性武器，要在事态一发不可收拾之前，将现场稳定下来。碰到这种情况时，最常用的就是催泪弹，它可以让群众离开现场。除此之外，要驱散民众，还可以使用喷水车喷水的方法。

如果使用催泪弹和喷水车都不能完全控制现场，群众也已经完全加入到了暴动中，镇压部队就必须采取更积极的方式，比如使用喷洒器散播非致命药剂或是发射非致命性弹药。

而在使用非杀伤性弹药发射器时，也有着相对应结合的队形。此时队形往往其组成的结构也会复杂一些，除了在其他队形里所有的班长、副班长之外，在使用非杀伤性弹药发射器时的队形里，还有着排长、士官、特选射手、发射器射手、喊话者等人。

班契子队形

用以积极镇压群众，以少数人员切断多人集团，让他们易于控制时所使用的攻击队形

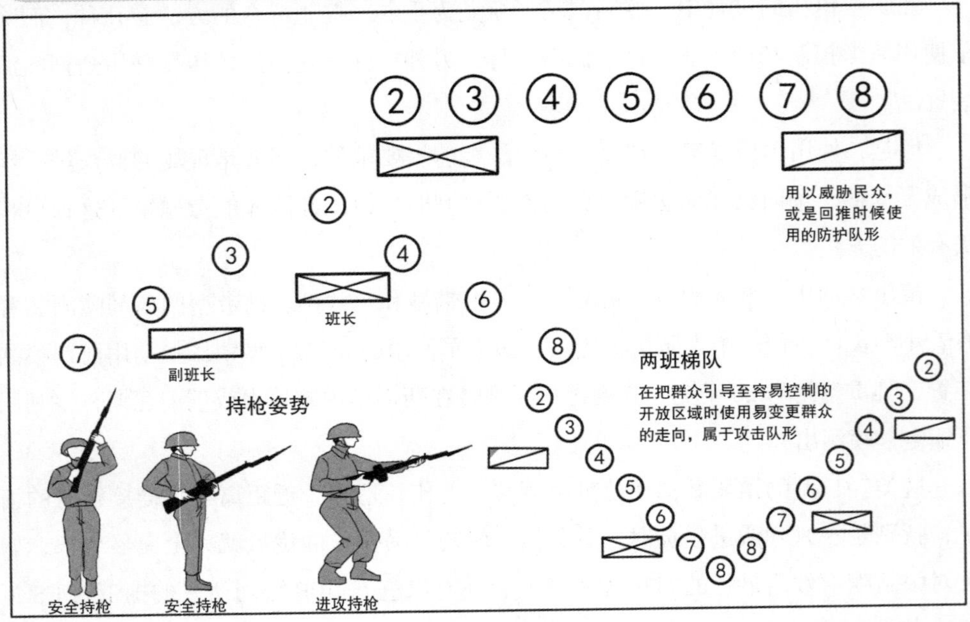

使用非杀伤性弹药发射器时的队形

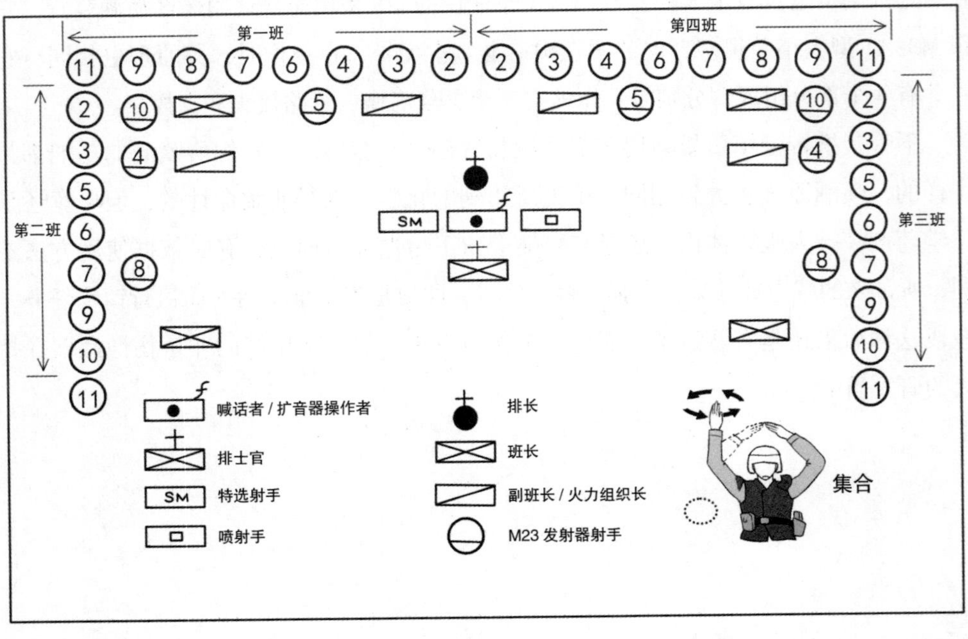

镇压暴动用药剂喷洒装置

在防暴镇压的过程中，控制现场群众尤为重要。控制群众的方法有几种，而除了使用队形控制和使用非致命性武器以外，另外一种就是使用镇压暴动用药剂喷洒装置。

但是，使用镇压暴动药剂喷洒装置是有前提要求的，那就是现场的群众进一步形成了暴徒，场面已经无法用简单的方法控制时，镇压部队才能考虑采取这种更积极有效的方法。

镇压暴动用药剂喷洒装置可分为个人携带型和车载型。携带型的药剂喷洒装置有着小巧灵活、便于个人防护等优点，如美军使用的 M33A1 型镇压暴动用药剂喷洒装置，其重量约为 20 千克，它的操作原理是在药剂槽中装填水或催泪瓦斯，并利用压缩空气喷洒出去。

这类轻巧型的镇压暴动用药剂喷洒装置，比较适用于近距离与暴徒接触时的情况，特别是在碰到激进暴徒时，其灵活、轻巧、易操作的优点就完全突显出来，如针对眼睛喷射效用最强的 M36 型喷雾器，还有以色列 IIPR 公司研发的携带式 CS 瓦斯喷洒器。

而车载型的镇压暴动用药剂喷射装置，虽然在体型上与携带型的大小不同，但发射药剂的构造没有很大的差异，像美军使用的 M6 型镇压暴动用药剂喷洒装置，它跟 M33A1 型大小差很多，但装置在构造上基本无异，在工作时，其原理也相同。它一共有 4 个部分组成，分别是：压缩空气槽、药剂槽、管路接头和支撑架。

不管是携带型镇压暴动用药剂喷洒装置还是车载型的，它们所喷洒的药剂都是一样的，喷洒原理也大致相同。虽说所用到的化学药剂是非致命性的，但毕竟还是化学药剂，被人吸入体内，还是有可能会留下后遗症。而且，有时依据使用方法不同，所带来的威力和效果会更强一些。所以，即便是为了维持治安而执行镇暴任务，造成这种后果还是有些过了。因此，杀伤力更小、效果却更好的非杀伤性武器在持续的研发当中。

M33A1 镇压暴动用药剂喷洒装置

美军使用的镇暴用药剂喷洒装置，可在药剂槽中装填水或者催泪瓦斯等液体，并利用压缩空气喷洒出去。M6 与 M33A1 虽然大小不同，但发射的构造却无差异。M33A1 的重量约为 20 千克

M6 镇压暴动用药剂喷洒装置（车载型）

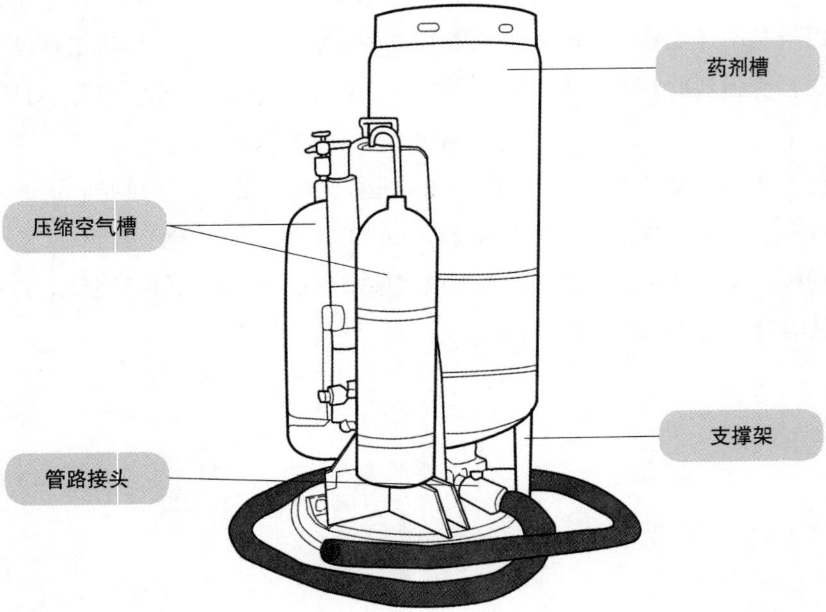

维持治安的水炮

水炮，顾名思义，就是一种发射高压水柱的装置。从这个意义来说，消防车也能够发射水炮，而且消防车在某些场合也会被用于镇暴，在这种特定的情况下，消防车也可以看作是水炮。真正的水炮从一开始和消防车一样，也是用于灭火，但是搭载在救火船上。在搭载水炮的救火船发明之前，扑灭船上的火势，既困难且十分危险。

率先将水炮用于镇暴方面是20世纪30年代的德国。在纳粹政权的统治下，曾发生多起暴动事件，纳粹政权动用了水炮这种装置，用于在不杀伤的情况下镇压。20世纪60年代以后，用水炮镇暴在欧美国家非常常见。当时的水炮通常安装在消防车上，可以把抗议者击晕，有时候甚至会使他们的衣服破裂。直到现在，使用水炮镇暴仍然很普遍。2010年9月30日，发生在德国的一次抗议示威活动中，一个示威者被水炮击中脸部。这位示威者的眼皮受到伤害，视网膜骨部分骨折，视网膜受损，眼部遭受到的伤害导致此人几近全盲。这一事件激起了德国国内对于警察暴力执法的激烈反抗。

如今使用中的水炮主要有传统的直射式水炮和脉冲防爆水炮两种。直射式水炮是利用高压空气压缩机水泵将水流压缩后以高速喷出；脉冲防爆水炮则更像一种喷雾装置，利用压缩空气为动力，在极短的时间内由排气阀排出，推动身管中的刺激剂液体以较高的速度喷出。内装的刺激剂对人的眼睛、皮肤及上呼吸道神经末梢的痛觉感受器有强烈的刺激作用，使人产生不可耐受的疼痛、流泪、流涕及打喷嚏等反应。

相比于此，在大多数国家，水炮更多的是作为海上警察机关维护经济海域的渔民捕鱼权利，防止外国船只非法捕鱼及进入的工具。通常一开始进行口头劝告，如果不听劝阻，又为避免人员伤亡，则采取实施水炮攻击，利用海巡舰艇上的高压水柱攻击其船只，达到吓阻效果。

水炮的威力

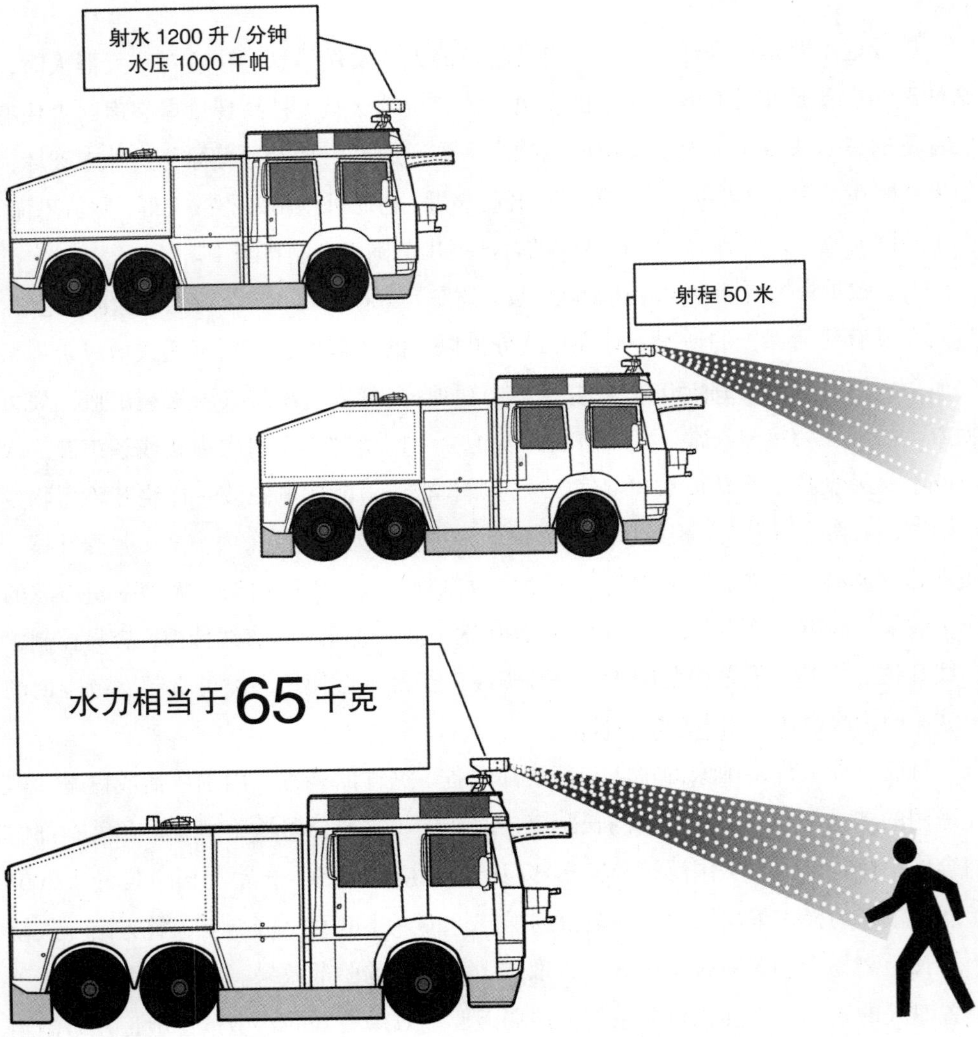

大范围声波攻击的扩音炮

扩音炮主要是作为通信工具，向远距离的人群发送信息。在应对一大群人时，这种声学设备是非常有效的，它能发出一连串持续 2 至 5 秒高音量爆裂声，盖住特大音量的音乐或成千上万人发出的呐喊声。扩音炮可用来保护目标免受外来破坏，如果装配在军舰上，可以防止敌方小型舰艇靠近。它还可以用来驱散人群，制造恐慌。由于其巨大威力，警方对使用扩音炮的合法适用范围尚在制订当中。

大多数扩音炮看能发出高达 150 分贝、频率为 2000~3000 赫兹的强大脉冲。通常，当人在没有任何保护的情况下处在 120 分贝以上的环境里会感到不适或造成听力系统损伤，当音量上升到 150 分贝时，处在这种环境的人将出现鼓膜破裂出血，失去听力，甚至还会精神失常。甚至有些扩音炮会专门研制成发射次声波或超声波。次声波不容易衰减，不易被水和空气吸收，波长很长，能像电磁波一样绕开障碍物发生衍射，杀伤范围很大，但难以控制方向。大功率的次声波能令内脏产生强烈共振，使人感到恶心、头痛、呼吸困难甚至会导致血管破裂，内脏损伤。大功率超声波的作用效果与次声波差不多，但传递方向性比次声波好，几乎沿直线传播，容易控制，直线穿透能力强，但杀伤范围小。一般声波武器都不会使用人类可听频率范围内的声波，因为次声波与超声波隐蔽性强。

目前世界上许多国家的军队和警察都配备了这样的装置，用于广播或镇暴。国外采用的多是 LRAD 公司生产的长距离扬声装置。这家公司是美国海军和警察部门的合作单位，专门为美国海军和警察部门研制相应的装备。长距离扬声装置从 2004 年开始被纽约警方采用以后，逐渐得到推广。2009 年的 G20 峰会上，警方第一次使用了长距离扬声装置对付示威人群，取得了比较好的驱散效果。但是，考虑到这种装置对人的杀伤力太强，目前杀伤力更弱但驱散效果更好的新型扩音炮正在研制当中。

扩音炮的杀伤范围

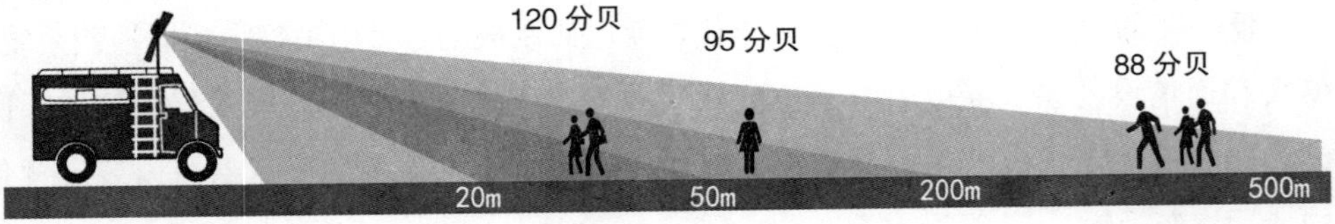

扩音炮算是一把双刃剑，大多数扩音炮的杀伤范围都是双向的，相对来说，向后的声波量要小得多，目前专门向前发射声波的扩音炮也已经开始进行试验

LRAD 长距离扬声装置，为了避免反恐队员也收到扩音炮危害，他们在操作的时候需要戴上特制的耳罩

低耗能激光枪

低耗能的激光武器于上世纪 90 年代初就已研制成功，可用来打击武器控制系统、侦察和通信设备以及光电系统，也可以使敌方有生力量失明。激光武器的气体、固体和化学放射源可以产生不同波段的激光。在战场上，这种激光武器可以装进背包内或用汽车运输。

与高强度激光相比，一些相对简单的武器也有同样的功能。比如，信号弹内填充的火药点燃后能够制造出低温气体场。在此原理上制成了光榴弹以及具有致盲和振聩效果的组合炸弹。它们爆炸产生的威力能让人失明 20~30 秒，失去听力 4~6 小时。

低耗能激光枪属于非致命性武器或软杀伤武器，可广泛应用于防暴反恐等相关领域，当然也可以用于低强度冲突的未来正规战争。美国是世界上激光武器研制、配备最早和最多的国家。依据美国防部的提法，把平均输出激光功率不小于 20 千瓦或每个激光脉冲能量不低于 30 千焦的激光武器划为高能激光武器，而功率或能量低于上述水平的则划为低能激光武器。

低耗能激光武器近距离照射目标或者长时间照射目标也是有可能对人眼造成巨大伤害的。美国研制的 PHaSR 激光枪采用了自动测量目标距离的技术，以解决安全上的隐患。该武器可以根据目标距离自动调节能力强度。美国国防部称该武器系统还合成了“双波长激光技术”，这表明一些可以过滤特定波长激光的眼睛对其也不起作用。

我国的防暴反恐部队也配备了类似的低能激光武器，可烧伤目标的视网膜，使其暂时失明，还可使观测仪器等光电传感设备失效等，从而丧失战斗力。

大功率激光一直是前沿科技追逐的目标，尤其是像科幻片里的激光武器那样一击就能摧毁敌方飞船一直是科学家们的梦想。2015 年，日本大阪大学的科学家们通过专门的设备对激光进行放大、放大、再放大，完成了一项史无前例的惊人成就，让激光束的功率达到了恐怖的也就是 2 千万亿瓦！不过它的威力并不大，因为它仅仅持续了万亿分之一秒，因此算下来实际输出的能量只有几百焦耳而已。

激光枪已经成为现实

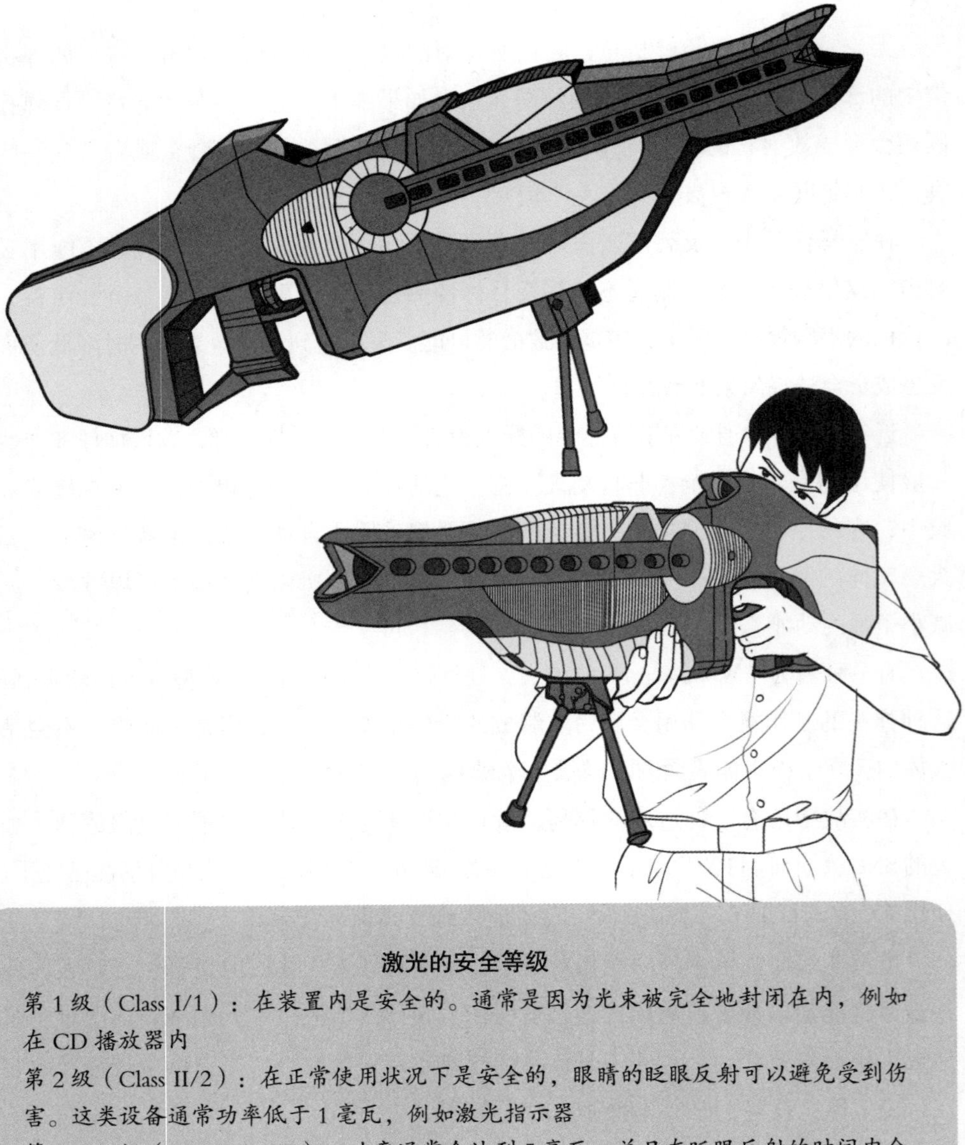

激光的安全等级

第 1 级（Class I/1）：在装置内是安全的。通常是因为光束被完全地封闭在内，例如在 CD 播放器内

第 2 级（Class II/2）：在正常使用状况下是安全的，眼睛的眨眼反射可以避免受到伤害。这类设备通常功率低于 1 毫瓦，例如激光指示器

第 3 a/R 级（Class IIIa/3R）：功率通常会达到 5 毫瓦，并且在眨眼反射的时间内会对眼睛造成伤害的小风险。注视这种光束几秒钟会对视网膜造成立即的伤害

第 3b/B 级（Class IIIb/3B）：在暴露下会对眼睛造成立即的损伤

第 4 级（Class IV/4）：激光会烧灼皮肤，在某些情况下，即使散射的激光也会对眼睛和皮肤造成伤害。许多工业和科学用的激光都属于这一级

非致命性枪弹

无论是手枪、步枪、机枪，它们所发射的枪弹都是致命的。击中身体的弹头在击中的部位形成空洞，令体内的组织死亡。如果弹头上还有多余的能量，在弹孔周围还会形成放射状的伤口。弹头经过身体造成的空洞往往会令骨头或者其他一些器官（尤其是肝、脾、脑等）受到严重伤害。

在防暴任务中，反恐部队面对的大多是手无寸铁的群众，这时显然不能用实弹射击。仅仅进行火力压制还不能伤及目标性命是很难的事情。就算是避开要害，瞄准目标的手脚等部位射击，还是有致命的可能。为了起到震慑效果，同时降低伤亡，反恐成员会选择发射非致命性枪弹。

近年来，各种通常发射普通弹的枪也纷纷配上非致命性枪弹，以增加任务弹性。一般使用的是转轮手枪和非自动霰弹枪。这两种枪支都没有弹夹，子弹直接装入弹膛中，容易控制子弹的种类；而且两类武器都采用非自动装置，也就是说不需要用火药气体的能量实现下一发子弹再装填等机械动作，所以装药量也可以减少，从而减小子弹的动能。

有一种名为“Wood Chip”的弹头，是将碎木屑用树脂固定成型或者用软木制成，这种弹头的制作概念和用金属粉末制成的粉碎型弹头相似，但是木制弹头不会钻入人体内，在击中人体表面的时候就会碎裂了。

在实战中还有一种适用的弹药，就是在被弹药击中地方留下颜色的漆弹。加拿大的SNC公司研制FX弹是最为常见的漆弹，现在许多国家的军队和警察都已经采用。使用FX弹进行训练时非常真实，能够有效地提高训练效果。

虽然非致命性枪弹的动能相对较小，且不易侵入人体，但它仍然会对人体造成冲击，将能量以冲击波的形式透过皮肤传入人体，造成破坏。如果破坏严重，足以造成大出血以致死亡。另外，非致命性枪弹还有一个缺点，本身重量较轻导致它的飞行稳定性比较差，很难准确命中，容易误伤。

装有橡胶弹丸的霰弹

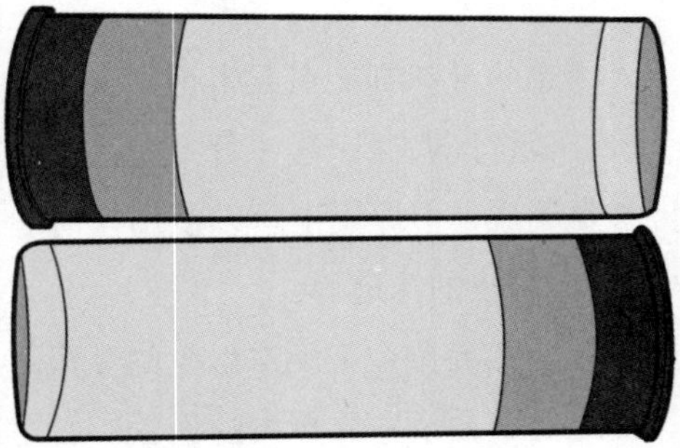
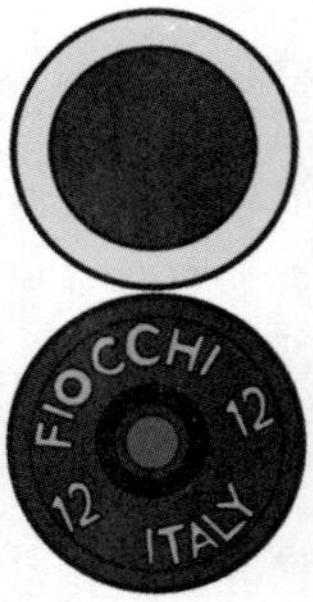

装有橡胶弹丸的霰弹，它的使用方法是向下发射，打中目标的腿部，让其疼痛不能行动。但实际使用中，这种霰弹更多击中的是人的上半身

根据一份案例显示，在非致命性霰弹弹丸造成的 201 处伤害中：

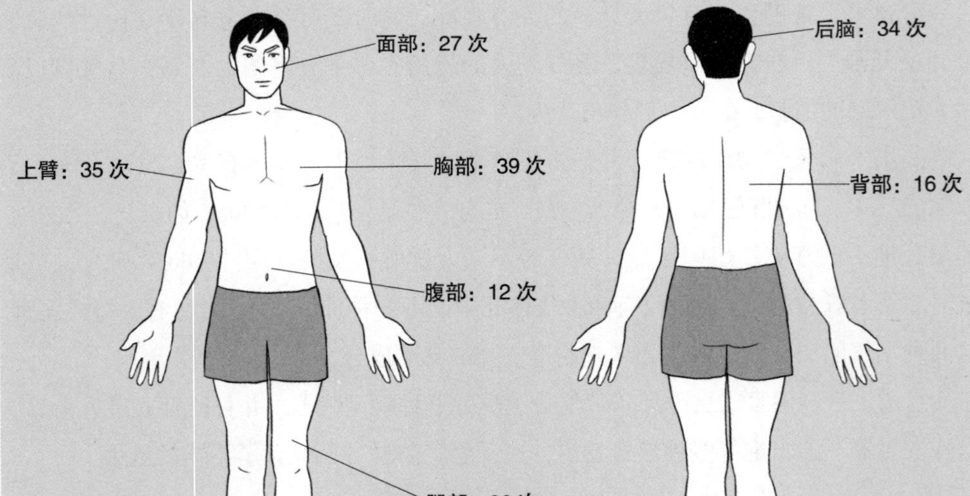

1
2
3
4
5

令人窒息的臭弹

气味也可以成为武器，任何一种令人厌恶的气味都能引起害怕甚至恐慌。如果空气中充满粪便气味，人就会在嗅觉上受到沉重打击，恨不得一下子逃离被“污染”的地方。臭弹通常用硫磺、氯、硫化氢和氨制成，但原则上可以使用任何能令人不悦的气味，包括腐烂食物的味道、很久未洗的袜子的味道等。

臭弹，顾名思义，臭弹的主要特点是会散发出令人无法忍受的臭味，进而成功地驱散、赶跑敌人或对手。臭弹的可怕之处不在于造成多大的伤亡，而是通过可怕的气味刺激人脑深层细胞，影响人的神经系统，让人产生恐惧心理，只想逃得远远的。臭弹中还可以加入高效麻醉剂或催眠剂，使人失去活动能力或者丧失知觉。

从臭弹的构成来看，它其实相当于一种小型的化学武器。不过与作为大规模杀伤性武器的化学武器相比，它的危害性要低很多，所选择的化学成分也仅仅是以刺激性化学物质为主，并不会对攻击对象造成多么严重的伤害或者后遗症。因此，在很多国家，臭弹都被划分为非致命性武器或者非杀伤性武器。

臭弹可以帮助警察对付大规模的人群骚乱，同时又可将警方和民众伤亡的风险降到最低限度。研究人员发现，臭气和人的恐惧有着十分密切的联系，臭气可以激活人脑深层的细胞，引发人们作出反应。

使用不同化学物质制成的臭弹，所产生的气味也不一样，有的会发出令人恶心作呕的气味，有的味道则几乎令人窒息，也有一些是模仿危险物品（如煤气、天然气、催泪瓦斯）的气味。但问题是，臭气对不同人群所引发的反应并不同。研究人员通过对志愿者进行测试，发现仅有两种气体几乎能不分种族、人群，对所有人造成伤害。这两种臭气的混合物也将作为未来制造臭弹的基本成分。

目前，许多国家的反恐部队都配备了臭弹这种新型武器，并且能够通过火箭筒、榴弹发射器、迫击炮等多种形式发射，在反恐、防暴方面收到了不错的效果。

用臭味来攻击

臭弹和榴弹、燃烧弹等杀伤性炮弹不同，它主要通过令人厌恶的臭味来实现驱散目标人群的目的

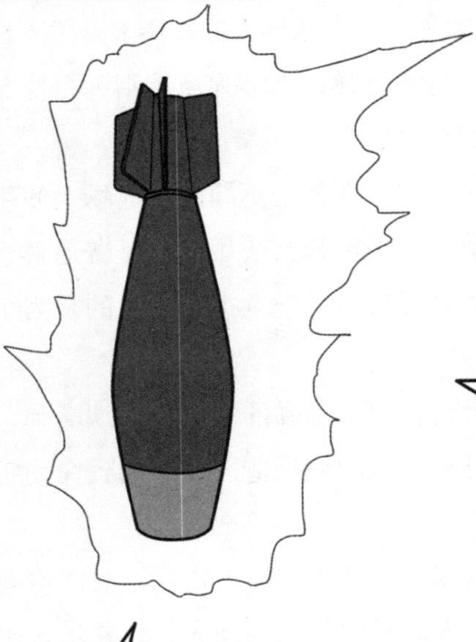

发射臭弹的装置

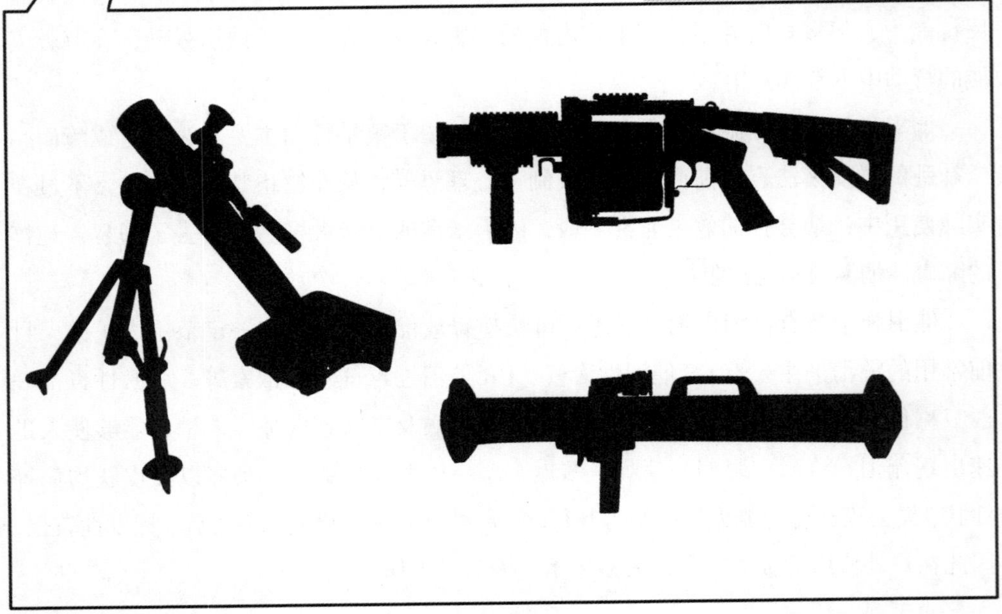

1
2
3
4
5

镇压暴动时使用的手榴弹（一）

手榴弹在人们眼中可能已经算是单兵武器中威力比较大的武器，它的杀伤范围可达数十米，而且对人造成的大多是致命伤。如果用威力这样大的武器来对付人群，显然是不合适的。但是，为了起到震慑效果，将震撼弹、烟雾弹、催泪弹、橡胶颗粒手榴弹等非致命性手榴弹投入镇暴使用是比较常见的。

用于镇暴行动的手榴弹和士兵在战场上使用的手榴弹是不同的。战场上使用的是杀伤性手榴弹，具有很高的致命性；而镇暴用的手榴弹其适用对象是普通群众，就算群众发生暴乱，也不能用这类杀伤性武器直接攻击，毕竟镇暴的目的是为了制止暴乱，而不是杀害普通群众。

这种情况下，专门研制的镇暴手榴弹或者适合用于镇暴的震撼弹、烟雾弹、催泪弹、橡胶颗粒手榴弹等非杀伤性手榴弹，可对暴乱的群众造成一些非致命伤害，足以令他们冷静下来。

震撼弹是用于制造强烈闪光和巨大噪声的非杀伤性手榴弹，常用于封闭空间内的反恐行动。投掷后会燃烧镁或者钾以产生令人炫目致晕眩的强光，致使被攻击目标于短时间内短暂性失明，同时伴随有高分贝噪声。美国警用M84震撼弹能产生相当于约800万支烛火的强烈闪光和170分贝左右的巨大噪声。由于人眼的视觉细胞有画面停留效应，至少需要5到10秒时间才能恢复视力。震撼弹能令目标瞬间丧失反抗能力，但爆炸时并不会产生攻击性的伤害碎片，除了用于镇压暴动，在解救人质的行动中也常常使用。

烟雾弹的目的是制造视觉上的障碍，将其用于镇暴行动主要是为了造成障碍，令暴乱的群众无法看清前面的东西或制造心理恐慌，从而制止其继续前进。不过在实际使用中，烟雾弹的效果非常一般，因为暴乱的群众大多已经失去了理智，纯粹的障碍性烟雾根本无法阻挡。

催泪弹中装有催泪毒剂，引爆后可快速释放催泪瓦斯并在一定范围内扩散，目前常用的催泪剂主要有CS催泪性毒气、CR催泪性毒气及辣椒素等。刺激性毒剂一般只称作刺激剂，其主要作用是刺激眼、鼻、喉及皮肤感觉神经末梢，能够使人迅速出现流泪、流涕、眼痛、喷嚏、咳嗽、恶心、呕吐、胸痛、头痛以及皮肤灼痛等症状，失去正常行为能力从而妨碍其行动。另外有一种燃烧型的催泪弹，挥发性较强，因此在户外使用的威力有限，大多用于室内防暴工作。

镇压暴动用特种手榴弹

用于镇压暴动任务的手榴弹跟一般士兵在战场上使用的手榴弹不一样。用于战场的是为了打击敌人的高致死性手榴弹，而镇暴时面对的却是一般民众。为此，使用的就是在爆炸时能发出闪光与巨大声响的震撼弹，或催泪瓦斯弹等非杀伤性手榴弹。使用这些武器，就能暂时瘫痪暴徒，让他们冷静下来

无焰 CS/CN 手榴弹

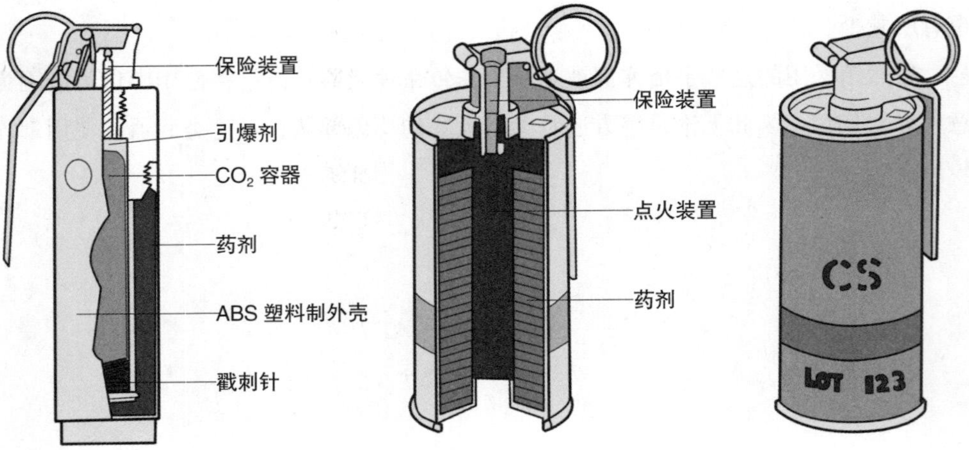

CS 催泪手榴弹、特殊闪光音响手榴弹、橡胶颗粒手榴弹

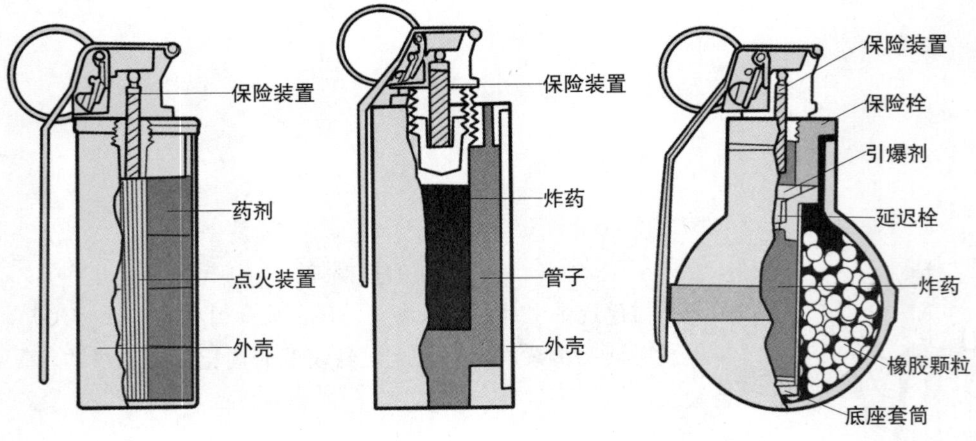

镇压暴动时使用的手榴弹（二）

橡胶颗粒手榴弹是这类镇暴用手榴弹中杀伤力比较强的。虽然它的定义是非致命性武器，但是由于爆炸是内装的橡胶颗粒会四散炸开，如果不慎击中面部甚至眼睛这样的脆弱部位，很容易造成失明的后果。橡胶颗粒手榴弹的原理和普通的杀伤性手榴弹一样，在解除安全装置后通过引信点火，然后发生爆炸。区别在于橡胶颗粒手榴弹中所装的并不是具有杀伤力的破片，而是将其换为几乎不具备杀伤力的橡胶颗粒。同时，为了确保橡胶颗粒因爆炸飞散时不至于力道过大，弹体内的炸药量也有所减少。

虽然镇暴用的这些手榴弹都被划分为非致命性武器，但是在使用中仍可能因为意外导致伤亡，因此无论是警方还是参与镇暴的反恐部队，对这类武器的使用都比较慎重。

最早的手榴弹

手榴弹最早由拜占庭人发明，拜占庭帝国利奥三世时代，拜占庭士兵扔掷装有希腊之火、铁蒺藜的陶瓷容器以爆炸攻击敌人。

镇压暴动用催泪弹、手榴弹的使用法

出动镇压暴动的部队在使用镇暴用 CS 瓦斯弹等特殊手榴弹或以镇暴枪发射化学弹药时，必须考虑到风向与天气状况才行。不然催泪瓦斯就有可能被风吹离暴徒，甚至是飘回发射者的方向。另外，由于群众碰到催泪瓦斯的时候会争相走避，因此必须要先规划好他们的避难路径

非致命性榴弹发射器

非致命性榴弹发射器从本质上和普通的榴弹发射器并没有什么区别，但它是专门用来发射非致命性弹药的。虽然大多数情况下榴弹发射器也可以用来发射催泪弹、震撼弹之类的非致命性弹药，不过那是属于军队的装备，而专门的非致命性榴弹发射器主要配备给警方，威力相对小一些。

由于这类非致命性榴弹发射器是专门用来镇压群众暴动的，因此也叫镇暴枪，为镇暴枪配备的榴弹主要是各种非致命性榴弹。也就是说，军用的榴弹发射器主要发射的是致命性榴弹，同时也能发射非致命性榴弹，而警用的镇暴枪则主要发射非致命性榴弹。相比于军用榴弹发射器，大多数镇暴枪都能够装填多枚榴弹（大多数军用榴弹发射器都只能装填一枚榴弹，但也有例外，自动榴弹发射器能装填多发榴弹），以适应不同的环境。

南非的米尔科姆公司生产的 MGL 榴弹发射器在各国反恐部队都很常见，并非只是因为它能够连续发射榴弹，更重要的是他所发射的榴弹是特殊的低速榴弹，极适合镇暴使用。比起 M79、M203 的传统型单发式榴弹发射器，MGL 的弹巢能装填 6 发榴弹，火力强大了许多。MGL 的设计简单、坚固，而且可靠，它的弹巢和久经考验的转轮手枪弹巢相同，每一发榴弹都能实现高精度射击，而且可以迅速发射以迅速达到对目标猛烈轰炸的火力的目的。MGL 可以装填多种弹药（高爆弹、反坦克高爆弹、催泪弹、震撼弹、闪光弹、烟雾弹等），而且，只要加快扣动扳机的速度，发射速度也能相应提高。通常用于镇暴的型号是 MGL Mk 1L 型，它把折叠式枪托改为美国 Vltor 公司为 AR 系列步枪生产的 MOD 伸缩式枪托，还使用了一个长度达 140 毫米的 6 发弹巢。这是因为某些特殊用途的榴弹，例如过长的催泪瓦斯弹和非致命性震撼弹无法适应 MGL 的旧型号的弹巢，但 Mk 1L 的延长弹巢使得其能够装填并且发射这些榴弹，因此而令其也更适合应付防暴任务。

非致命性榴弹发射器和致命性榴弹发射器

非致命性榴弹发射器

发射非致命性弹药
主要供警方使用
可发射致命性弹药

致命性榴弹发射器

发射致命性弹药
主要供军方使用
可发射非致命性弹药

本质并无区别

MGL Mk 1L 榴弹发射器

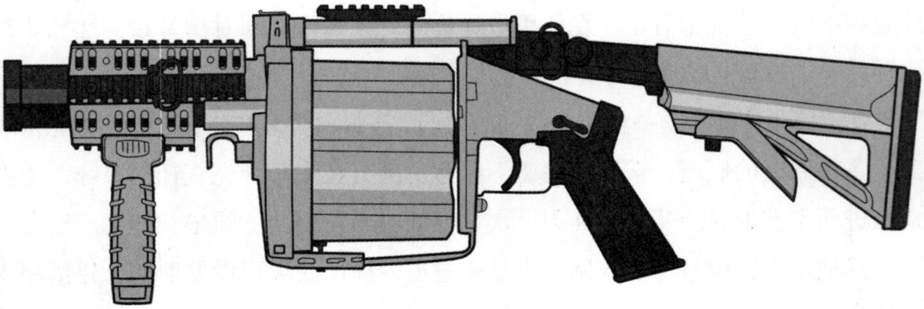

口径：40 毫米
全长：775 毫米（枪托伸展）
全重：6 千克（空枪）
弹容量：6 发
有效射程：375 米

霰弹枪与霰弹（一）

霰弹枪开始大量被军方使用是第一次世界大战时期，当时美军为了在堑壕中更好地与近距离的敌人战斗，率先在战场上采用了霰弹枪。随后警方也以霰弹枪来弥补手枪火力的不足。美国大型警用巡逻车里大都装备一支霰弹枪。在好莱坞的电影里，警察遇到恶性案件时，都是潇洒地拔出手枪冲进现场，而现实当中，遇到这种情况警察第一个动作就是从座位中间抽出霰弹枪。对于使用手枪的人来说，如果遇到使用霰弹枪的对手，差不多是输定了。

举例来说，在反恐作战中，反恐队员常常要在室内近距离面对恐怖分子。这时候留给队员们瞄准的时间并不多，霰弹枪就能派上用场了。霰弹枪和其他对点射击的枪械不同，霰弹枪发射的弹丸呈一个逐渐扩散的弹群，形成一个杀伤面，即便是举枪即射，也很容易击中恐怖分子。而且由于霰弹枪的弹丸无需旋转飞行，虽然穿透力不如相同速度的普通枪弹，但这样却令它的能量更加集中。由于霰弹枪是多个弹丸同时命中，这样对人体致命处的破坏概率也远远高于普通枪弹。

在警方使用的几种常见武器当中，霰弹枪和手枪、冲锋枪被并列划分为“致命性枪械”。而随着各种不同种类的弹药的发明，霰弹枪开始能够扮演“非致命性枪械”的角色。那么究竟应该把霰弹枪当作致命性枪械使用还是当作非致命性枪械使用呢？这就要根据现场情况来看了。在使用霰弹枪的时候通常会同时携带致命性和非致命性两种弹药，根据案发现场的实际情况进行判断，随时更换枪膛里的弹药。

霰弹枪使用的霰弹是一种非常特别的弹药。霰弹由弹丸和装有火药的弹壳构成，底部是黄铜制成的底座。霰弹的底座下缘有一圈直径大于弹壳直径的底缘，能更容易地推进药室和退壳。从底座往上一次装有底火、发射药、弹垫、弹丸。底火与发射药与其他枪弹并没有什么区别，也是通过击针撞击底火引燃发射药，弹垫和弹丸是霰弹特有的构造。

普通枪械的枪管内刻有膛线，当弹头被击发后会紧密贴合膛线，枪膛内压力非常高，以此将弹头发射出去。霰弹枪的枪管中并没有膛线，发射出去的也并非单一的弹头，而是大量弹丸。

霰弹枪的口径通常比其他枪械大，常见的霰弹枪有 10、12、16、20、28 号铅径，其中以 12 号铅径最为普遍。12 号铅径的意思是霰弹枪的口径大小正好能容纳一枚 1/12 磅的铅球。以此类推，不同铅径中，10 号铅径口径最大，28 号铅径最小。

Franchi Super12 和 M1014 战斗散弹枪

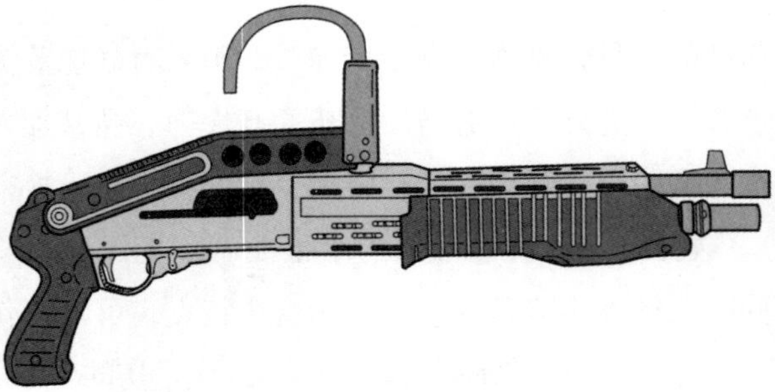

Franchi 公司于 1979 年研发的战斗霰弹枪，采用自动装填方式，1 秒钟可以发射 4~5 发，能够使用各种 12 号铅径弹药。一般射程为 40~50 米，发射重弹头时可达 100 米，有些弹种甚至能射至 200 米远。

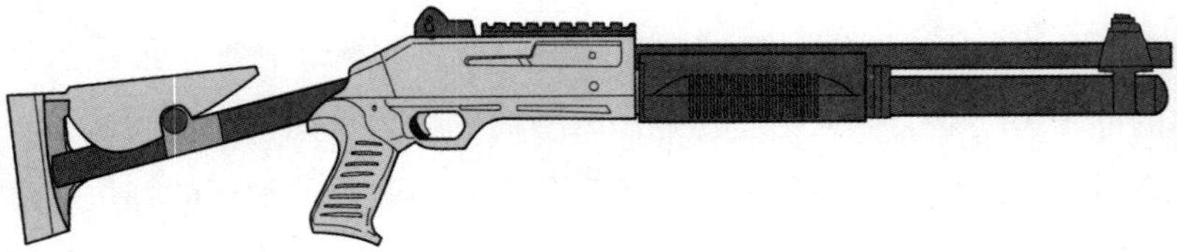

意大利班奈利公司推出的民用霰弹枪，改进后被美国的 4 个军种采用为前线战斗霰弹枪。它采具有两组气体活塞的气体传动式，优点是不容易故障

镇暴弹

一种在布袋中装有大量塑胶颗粒的 12 号铅径特种弹，属于镇压暴动用的非杀伤性弹药，可直接朝暴徒发射。虽然命中之后不会打死人，但冲击力道却能让暴徒暂时失去行动能力

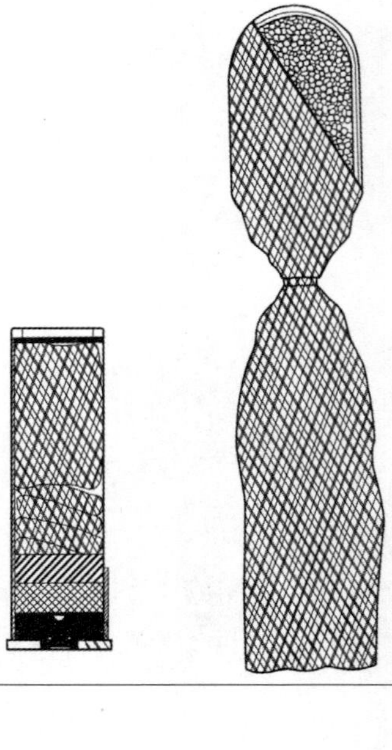

霰弹枪与霰弹（二）

霰弹的种类很多，用来射击鸟类的小颗粒霰弹叫做“鸟弹”，用来射击鹿等大型动物的大颗粒霰弹则被称为“鹿弹”。此外，还有增加火药的高爆弹、弹丸加入类似膛线结构的自旋弹、改装特殊弹头的重头弹等。能够根据目标的种类来更换霰弹的类型，是霰弹枪最大的优势。霰弹的弹药要比一般的手枪或者步枪子弹大许多，这是因为在霰弹的弹药中要同时收纳许多霰弹弹丸。利用这个特点，可以制作出许多不同用途的弹药。其中最值得一提的是能够制服对方却不会造成杀伤的“Stun Bullet”。Stun是打昏，使昏迷的意思，顾名思义，这种弹药就是令目标昏倒的弹药。其实质是把鹿弹中的铅球或者钢球换成橡胶球，根据霰弹数量以及软硬程度的不同还可以分为不同的类型。由于是橡胶制成的弹头，所以就算是中弹了也不会危及生命，但是子弹的冲击力还是会令人由于疼痛陷入暂时的无力状态。在使用这种子弹的时候，要注意射击的时机和枪口的方向，毕竟如果打中眼睛等脆弱的部位时还是会造成严重的伤害。

怎样控制霰弹弹丸的扩散范围?

在霰弹枪的枪口位置，有一个收束器，收束器相当于一个缩小枪管口径的装置，缩小得越多，霰弹扩散的时间越晚，扩散范围也就越小。反之，如果不安装收束器，霰弹弹丸在枪口就会开始扩散，扩散范围也更大。

霰弹的结构

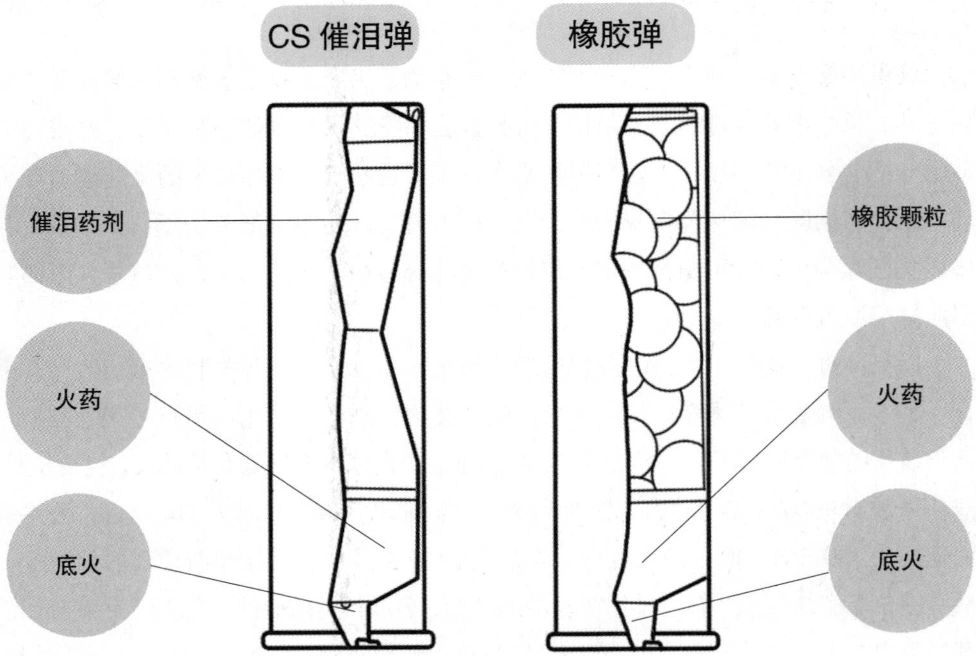

自旋弹

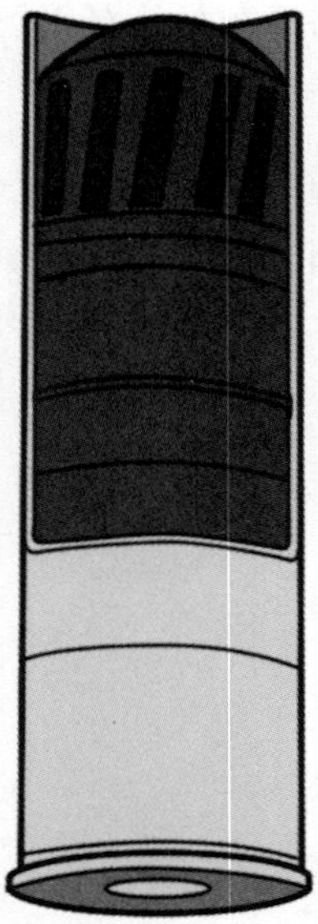

弹头上刻有类似于普通枪械枪管内膛线的凹凸结构

重头弹

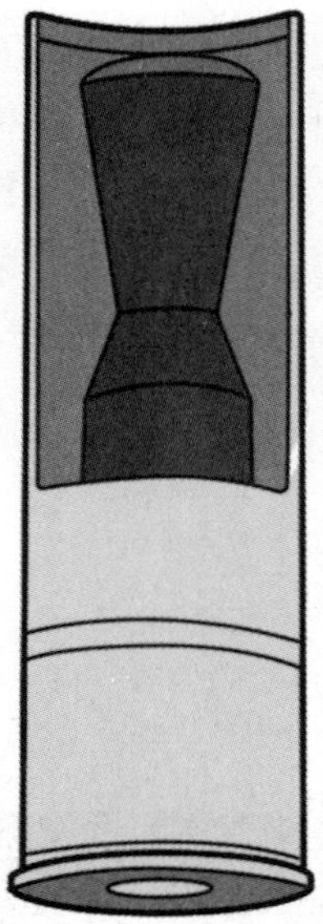

弹头为特制的单发重型弹丸，增强了威力和射程

装甲防暴车

装甲防暴车是一种多用途轻型轮式装甲车辆，主要装备给警察和武装部队、特警部队、反恐部队等部门，专门用于维持社会治安、平息群体骚乱暴动、打击恐怖活动和武装警卫等多项任务。装甲防暴车赋予了这些部队更加快速的反应能力和机动灵活性，同时又能保障自身的安全。目前世界上许多国家都装备了这种车辆，其中以美国悍马公司、英国肖兰德公司、英国路虎公司、法国克勒索公司等生产的装甲防暴车最为有名。

以英国肖兰德公司为例，该公司专门为军方和警方生产各式装甲车辆，尤其是肖兰德 S 系列装甲防暴车，使用非常广泛。英国反恐部队采用的是肖兰德 S55 型，这种装甲防暴车使用了“大地流浪者”4×4 底盘，内部可容纳驾驶员 2 人，载员 6 人，战斗全重为 3600 千克，动力装置为 V–8 水冷汽油机，最大功率为 114 马力，公路最大速度为 120 千米 / 时，最大行程为 625 千米。2 名驾驶员位于车身中部的驾驶室，载员室位于车体后部，有两排长椅，每排乘坐 3 名载员。两侧的车门上留有射击孔，载员可以在车内通过射击孔对外射击，同时免遭外部威胁。车顶部装有烟幕弹发射器，也可改为发射催泪弹等其他非致命性弹药。车体为钢装甲全焊接结构，车窗为防弹玻璃，均可防 7.62 毫米枪弹的攻击，虽然防护力不如一些军用装甲车，但对用于应付持枪的恐怖分子或者群众暴动来说已经足够了。

与 S55 型装甲防暴车不同，法国的 VBL 国内安全型装甲防暴车是从军用的 VBL 装甲侦察车改装而来的，因此无论是外形还是其他性能，都比 S55 略胜一筹。VBL 防暴车内仅能乘坐 6 人，但车上配备的武器种类更多，车顶甚至能加装机枪。更具特点的是，VBL 防暴车的机枪塔和防弹玻璃四周能加装防护网，可以减轻榴弹、炮弹来袭时造成的伤害。

S55 型装甲防暴车

S55 型装甲防暴车有着典型的镇暴特征，车顶安装了扩音器，用来向恐怖分子或者暴动群众喊话

VBL 装甲防暴车

VBL 装甲防暴车是从军用装甲车改装而来，其外部线条非常简洁，顶部设有机枪塔，有着典型的军用特征

搜爆犬

犬类在军队和警察部门中被使用已经有相当长的一段时间。犬类的身高比人类矮很多，同时又具有奔跑速度快、方向感敏锐等特点，在战场上活动比人类更加方便。此外，犬类敏锐的嗅觉和听觉能帮它发现很多人类无法察觉的失误，因此在传令、搜寻伤者、运送弹药、警戒等方面都有使用。

反恐部队使用的犬类叫作搜爆犬，在反恐作战中主要被用于搜索爆炸物，因此也叫搜爆犬。搜爆犬经过专门训练，训练中会以一种或几种爆炸物品气味为嗅源，在特定条件下能够用来探测地雷、未爆弹药、炸药等爆炸物。

搜爆犬的作用发挥主要体现在探雷搜爆、特别搜寻和安保搜爆。探雷，无疑是搜爆犬最为重要的应用方向。搜爆犬能探测到的炸药浓度可以比最好的探测器还低几个数量级，也就是说，经过良好训练的搜爆犬比探测器还要灵敏。从数字显示方面看，一个人能闻到的浓度约为百万分之一，最好的化学分析方法可以“嗅”到的浓度约为十亿分之一，但犬能嗅到的浓度可达到千亿分之一。

与反恐部队直接与恐怖分子作战相比，搜爆犬的作用更多体现于安保安检任务。搜爆犬是技术含量最高的工作犬之一，同时又是作业危险性最大的工作犬。因此，只有经过严格的训练才能上岗。

不过，搜爆犬和反恐队员不同，它们自己并不知道自己从事的工作有多么重要，也不会像反恐队员那么尽职尽责，所能做到的最大极限不过是听从训犬师或者负责驯养它的士兵的指令，然后按照惯性来执行任务。

训犬员在训练警犬、搜爆犬等专业犬的嗅觉时，主要依靠合适的激发物，让其集中注意力在一个味道上并忽略其他味道，未受过训练的狗对其他味道可能更感兴趣。这项艰苦的工作是必须经过长期训练并在持续鼓励下进行的，如此一来，执行任务的时候犬类才能专心工作。

搜爆犬怎样查找爆炸物

以“嗅源”对搜爆犬进行训练，让它们记住不同爆炸物的味道

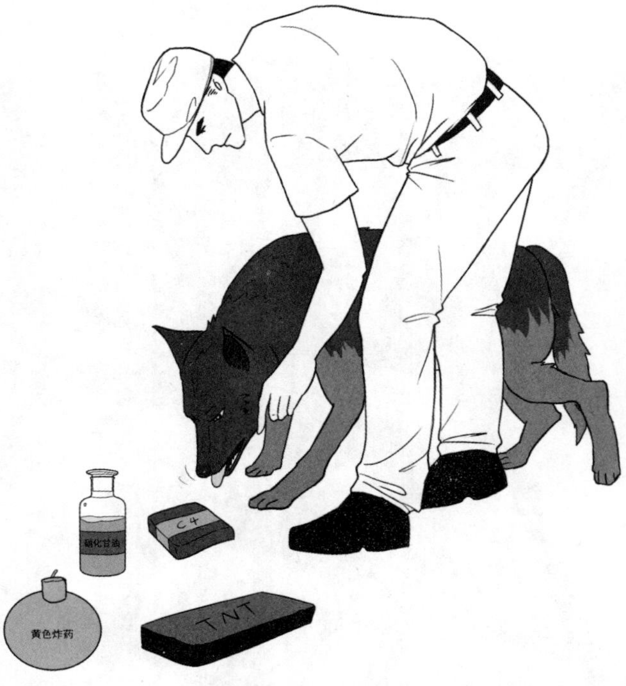

搜爆犬熟悉了爆炸物的味道之后，就可以在工作现场成功找到爆炸物

1
2
3
4
5

专题：暴动时用来阻隔的工具

一旦发生暴动，很多群众会在蛊惑下加入，很可能对政府机关、重要建筑发起冲击。这种情况下，为了预防事态扩大，反恐部队在没有发生冲突的情况下多会采取防守态势，用一些专门的工具来保护建筑物或者分割暴动地段。

使用最频繁的装置是拒马，这是机动式路障的一种。拒马在中国古代就已经出现，当时是架起长枪或与木柱搭配作成障碍物用以防御敌方骑兵的进攻，称为“拒马枪”。现代的拒马则改为由铁架与铁丝网所组成，故又称为“铁拒马”，用途也更为广泛。除了在军事上的使用外，在镇暴维安行动上也会使用，有隔离及阻挡人车的作用。而且现代的拒马有些还设计有走轮，机动性强，2~4 人即可在极短的时间内完成架设。但因重量较轻，所以有时还会加钉短桩固定在地上。

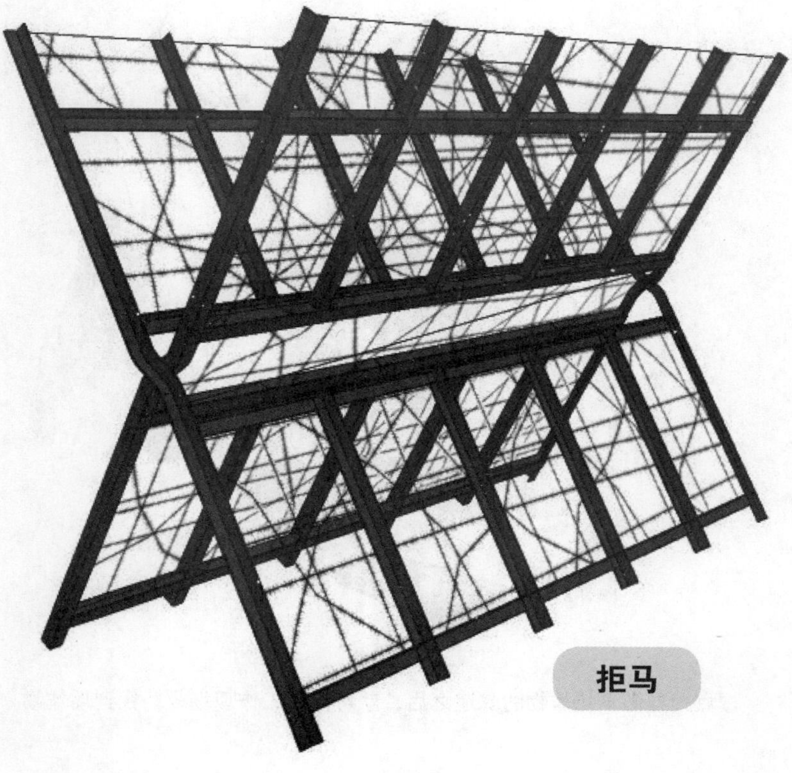

拒马

第五章

预防恐怖袭击

机场安检系统

机场人员密集，又是地区与地区、国家与国家之间相互连接的端口，因此保证机场的安全尤为重要。而机场维安系统的完整直接影响着机场及来往人员的安全。

机场最重要的反恐任务就是防止劫机。为此，各国机场的警察和危险管理相关单位都会与航空公司密切合作，加强安保、监视、检举国际通缉要犯、防止危险物品被带入机场等，以阻止劫机事件发生。

从目前来看，机场的维安系统通常会分成三个阶段来进行对恐怖活动的防范，即柜台报到时检测登机乘客的身份、对乘客执行身体检查与手提行李安检、在登机时再次确认乘客本人的身份。

在柜台报到的时候，工作人员会对乘客的个人资料进行仔细的查看，并与通缉犯名单比对，看他是不是恐怖分子或通缉犯。待乘客身份确认无误之后，还需要在托运行李的柜台对托运行李进行爆炸物检测，爆炸物检测装置会以 X 射线透视行李内部，检查行李内是否藏有易燃易爆品，只有顺利通过检查的行李才能被搬进飞机的行李舱。完成柜台报到的乘客会顺着通道前进，继续通过金属探测器与手提行李检查装置的安检，如果在通过金属探测器时，已经把所有可能会触动金属探测器的东西都取了下来，警铃却还是会响，那就要另外进行 X 射线检测装置的检查了。而在乘客通过金属探测器的同时，要随身携带进机舱的手提行李也会有 X 射线检测装置执行安检，只有能够通过这两项安检的乘客才能进入候机室等候登机。

但即便机场有着金属探测器、X 射线检测装置、手提行李检查等方式进行各种安检，也不能保证万无一失。在 2001 年 9 月 11 日之后美国进行的测试之中，假炸弹（气味、颜色、触感等都与 TNT 等炸药相似的训练用炸弹，不会爆炸）、枪支等危险品却还是能够成功突围，被夹带进入飞机。另外，许多执法机关都在用的格洛克 17 手枪，其强化塑料材质在刚推出的时候也因为不会被机场的 X 射线检测装置探测到而引发了许多的问题。所以，机场安检还需要更严谨的防范维安系统，有一些地方还需要进行加强和完善。

机场维安

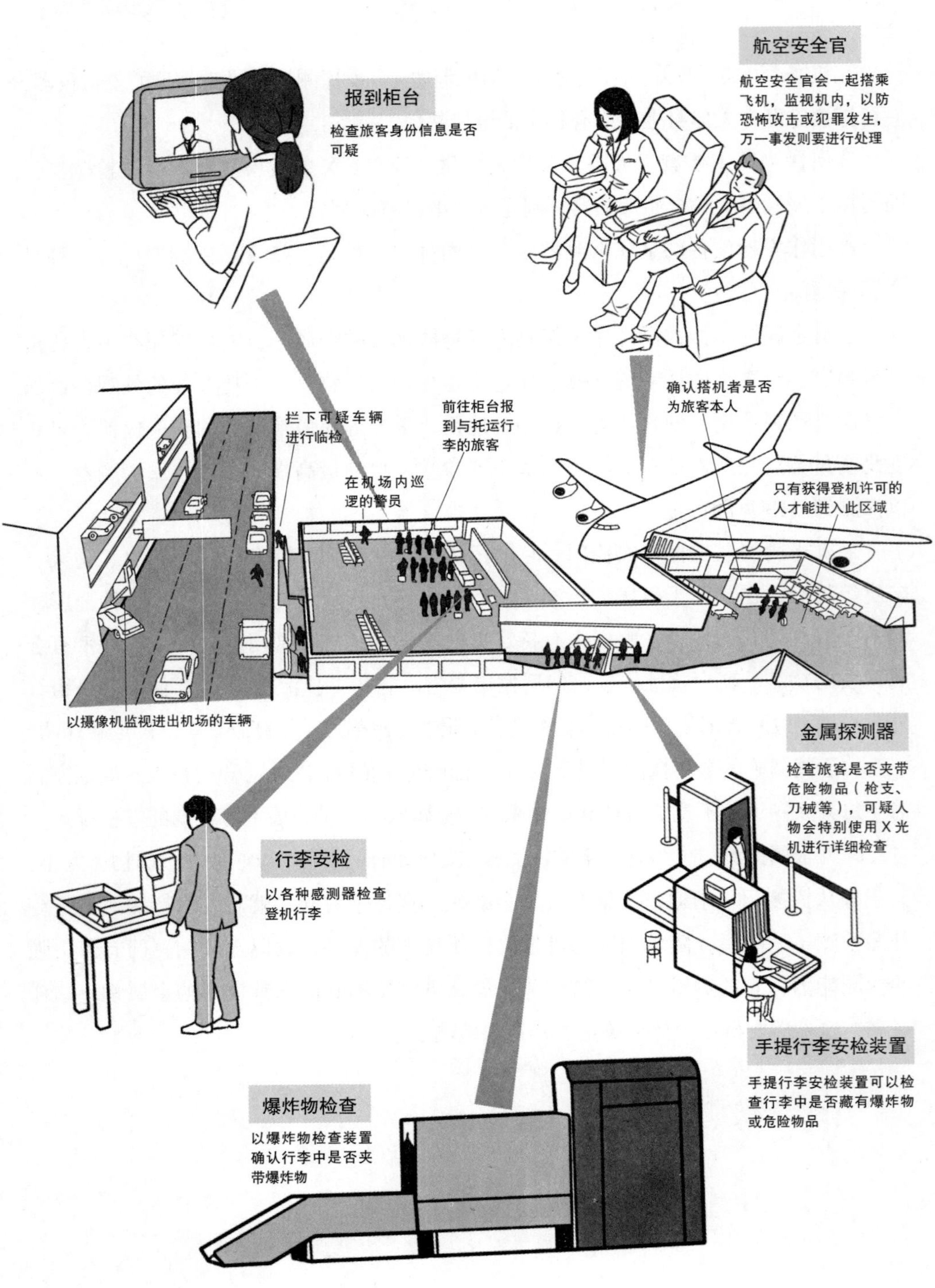

报到柜台
检查旅客身份信息是否可疑
航空安全官
航空安全官会一起搭乘飞机，监视机内，以防恐怖攻击或犯罪发生，万一事发则要进行处理
拦下可疑车辆进行临检
前往柜台报到与托运行李的旅客
在机场内巡逻的警员
确认搭机者是否为旅客本人
只有获得登机许可的人才能进入此区域
以摄像机监视进出机场的车辆
金属探测器
检查旅客是否夹带危险物品（枪支、刀械等），可疑人物会特别使用X光机进行详细检查
行李安检
以各种感测器检查登机行李
手提行李安检装置
手提行李安检装置可以检查行李中是否藏有爆炸物或危险物品
爆炸物检查
以爆炸物检查装置确认行李中是否夹带爆炸物

金属探测器

在机场、海关、码头、银行、医院、学校等地，金属探测器是最为常见的安检仪器，它可探测隐藏在人体身上的所有种类的金属物体。

金属探测器主要有三大类，分别是电磁感应型、X 射线检测型、微波检测型。而运用于安检当中的金属探测器，则是多为电磁感应型。

被用作安检设备的金属探测器主要有两种，一种是手持金属探测器，另一种是金属探测门。

手持金属探测器被设计用来探测人或物体携带的金属物，它可以探测出人所携带或包裹、行李当中所带的武器、炸药或是小块金属物品。小巧方便的外观，再加上其超高的灵敏度，使它成为在机场、地铁、学校等地最常使用的安检仪器。灵敏度是衡量金属探测器的探测能力的最重要参数，目前最高端的手持金属探测器，可以探测到 0.13 克的黄金。

金属探测门又被称作安检门，它的门体上下带有防水脚套，具有防水、防火、防腐等特点，也常用于机场、车站、大型会议等人流较大的公共场所。这种金属探测器有着闸门式的设计，闸门内有特定方向的磁场，进入闸门的人身上如果带有金属材质的物品，就会扰乱磁场，然后发出警告。它的工作流程是 CPU 探测、一组红外线被挡、检测各采集卡的数据是否变化、报警、检测另一组红外线、复位重新探测。

由于闸门式的金属探测器只要穿过去就能进行安检，因此适合用在人多的地方。对于每天人潮川流不息的机场和车站来说，金属探测门是一项不可或缺的安检设备。

因为金属探测门也是有一定的探测极限，比如有的时候，身上带的金属物体太小，又正好从探测门正中通过，就有可能会漏探。在这个时候，就需要手持探测器进行补漏检测了。不过，随着国际先进数码探测技术的发展，数码金属探测门有着更强的探测能力，它的灵敏度可以被调节，最高可以探测到曲别针大小的金属物，这样一来，也不需要再用手持金属探测器补漏检测了。

利用金属探测器进行安检

技术特性

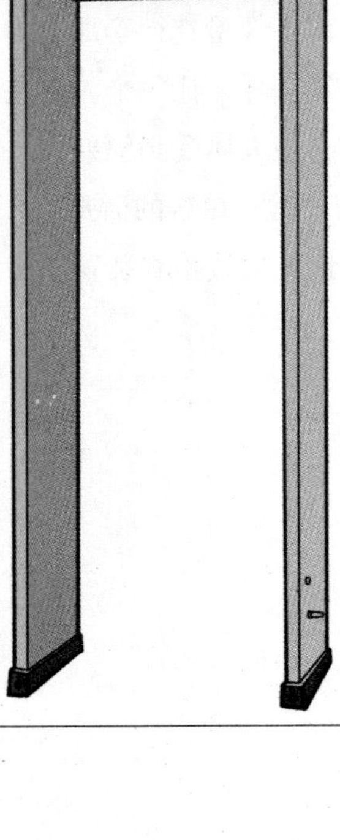

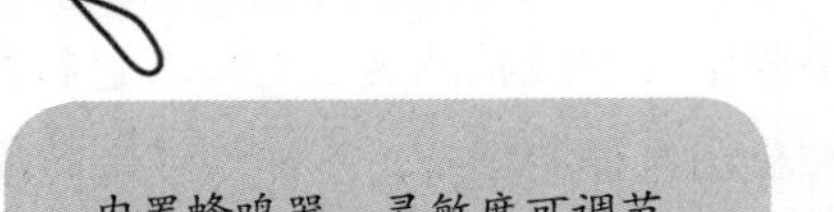

内置蜂鸣器，灵敏度可调节
可供选择的收听报警用耳机
电源和报警指示灯
电池电压不足指示灯
电池可连续使用寿命：镍、氢电池：50 小时
碱性电池：150 小时
操作温度：-50° 到 +70°
相关湿度：0-95%
外壳为黑色防震设计 ABS
重量：0.365 千克（含电池）

X 射线检测装置

为了确保机场、车站等人员密集场所的安全，在现场安保系统中，X 射线检测装置极其重要。

大多数人对 X 射线的认识是其在医学方面的应用。利用 X 射线进行的放射照相技术能够用于探测骨骼和软组织的病变。将一片照相底片放置于人体后方，X 射线穿过人体内软组织（皮肤及器官）后会照射到底片，令这些部位于底片经显影后保留黑色；X 射线无法穿过人体内的硬组织，如骨或其他被注射含钡或碘的物质，底片于显影后会显示成白色。

安检使用的 X 射线检测装置也是基于这样的原理，因此也叫作 X 射线安检仪。用于机场或车站等地的 X 射线检测装置大致可以分为两种，一种是用来检测旅客行李，看里面是否有易燃易爆品、是否有枪支刀械等危险物或是毒品等违禁品。另外一种是用来检查旅客身上是否夹带有危险品的安检装置。

检查行李用的X射线检测装置借助输送带将被检测的行李送入X射线检测通道，从而完成检测的电子设备。它的工作原理是当行李进入 X 射线检测通道时，以荧光板捕捉穿透过的 X 射线。由荧光板发出的光电子强弱程度会被转换成电子信号，最后形成数码影像显示于屏幕上。然后，电脑会自动对数码影像进行模拟上色，使安检人员可以更容易地区分装在行李中的物品。

如果要用 X 射线检测装置对旅客进行检查的话，就不像检查行李那么容易了。尤其是在机场这样的场合，不能像在医院里面照 X 射线一样，让每个人都进入设备检查。而且，由于 X 射线机在对人体进行检查的时候会使人体受到辐射，也不能频繁照射，有规定的安全次数。那么，在机场、车站等地方要检查旅客的话要怎么办呢？通常会使用金属探测仪检测，一旦测出异常而必须用到 X 射线检查装置的话，旅客就不得不接受 X 射线检测了。

X 射线检测装置能看到什么？

X 射线安检仪所检测出的行李箱，可以清楚地看到里面的物品

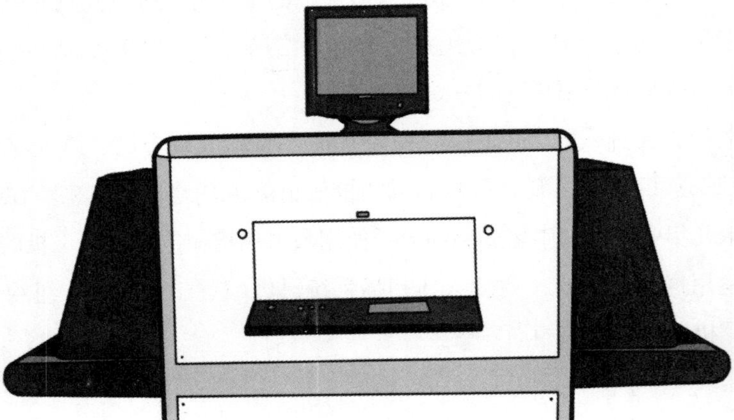

美国 L-3 安全科技公司推出的 X 射线安检仪，被广泛应用在世界上多个国家的机场和车站

什么是背向散射式X射线技术

前面已经提到，人在一年中照射X射线的安全次数是有限的，如果有人因为工作关系要频繁出入机场或场站，每年照射的X射线太多的话，这种放射性射线必然会对他的身体造成影响。甚至有一种言论是医生在诊疗过程中对于X射线技术的滥用导致接受扫描的民众，特别是儿童，遭受不必要的“超强X射线”的辐射，使得他们面临更高的患癌风险。

为此，一种被称为“背向散射”的X射线技术应运而生。背向散射式X射线技术是由美国AS&E公司研发的技术，它在照射时使用的X射线会比照X射线时用到的剂量要小得多，大约是普通X射线照射量的1/100。

一般的X射线检测装置在照射人体或物体，是以穿透的方式进行透视，而背向散射式X射线则是以非常微弱的X射线进行照射。使用背向散射式X射线技术的X射线检测装置在照射时只发出微弱的X射线，当X射线碰到人体等物体时产生散射，然后以X射线感应装置捕捉这些散射的X射线。再透过数码技术把这些被接收器感测的X射线重组成各个物质的影像，将他们合成，去除不必要的部分之后，就会形成单一幅X射线透视影像。这样，藏在衣服底下的枪支刀械等危险物品皆无所遁形。通常背向散射式X射线技术仅应用在对人体的扫描上，而对手提包、行李箱等物体的扫描，大多还是会采用穿透的方式进行扫描。

背向散射式X射线技术的厉害之处在于它不仅能发现金属，就连早期令许多国家安检部门头疼的复合材料、塑料制成的枪械也能清楚地检测出来。在这类枪械刚刚问世的十几年中，曾发生多起恐怖分子使用塑料制枪械成功登上飞机的案例。

现在使用这项技术的X射线人体扫描系统已经配置于芝加哥、纽约、洛杉矶等城市的国际机场，其效果相当不错。

背向散射式 X 射线技术

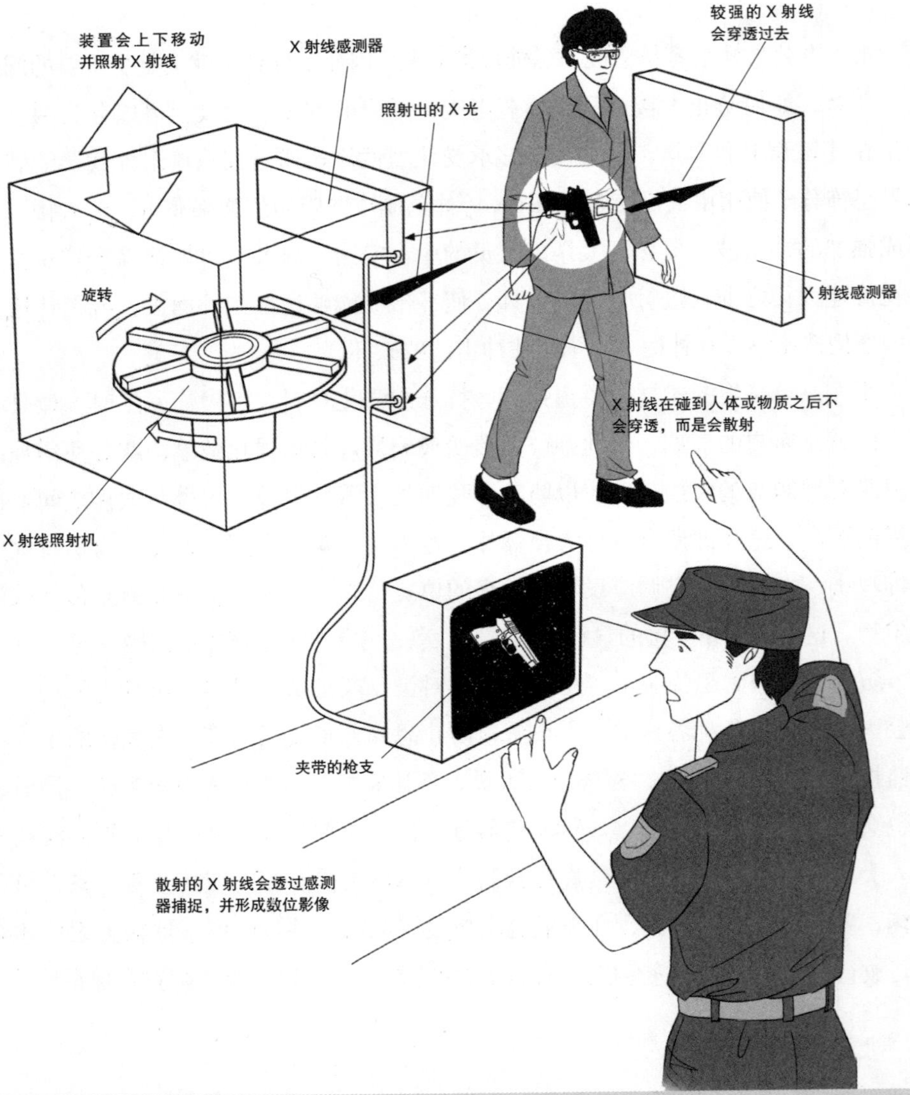

使用背向散射技术的扫描系统会照射微弱的 X 射线，当 X 射线碰到人体等物体时会产生散射，以 X 射线感测器捕捉这些散乱的 X 射线后再经过数码技术加工形成影像。装置内部包括会一边旋转一边照射微弱 X 射线，并接收散射 X 射线，整个设备会上下移动，对目标物进行整体扫描。由于扫描的对象包括人体，因此无法照射太强的 X 射线，所以有另一个方法是以较强的 X 射线去照射手提包或小提袋等较具承受力的物品，感测穿透过去的 X 射线之后，再将资料与碰到物质产生散射的 X 射线资料进行对比，然后才构成影像

大楼的安保系统

由于办公大楼很容易会成为恐怖攻击对象，因此安保技术就会是个重要的问题。

那么，如何防止大楼遭到恐怖袭击呢？对应的方法，大致上可以分为两种。其一是在建筑物上做文章，使大楼能够承受住烈性炸药或是其他攻击性武器的破坏。如果恐怖分子使用由大量 TNT 或 RDX 等炸药制成的强力炸弹来袭击办公大楼，就会形成强烈的冲击波。要保证大楼里人员的生命安全，以及尽可能地保全建筑物，就要在修建大楼之前，进行合理的设计，使冲击波能够逸散到外面去，或是让建筑物的内部构造能够以互补的方式承受住冲击波的破坏。

此外，建筑物的建材也要选择一些特殊的强化材料。当爆炸发生时，最具有杀伤力的就是窗户的玻璃，因此办公大楼的玻璃最好是用强化玻璃，或是使用加入合成树脂夹层制成的夹层玻璃，以防止碎片四处飞溅。另外，大楼与大楼之间要保持适当的距离，这样即便有一栋大楼爆炸，也不会影响到周围。另外，为了对抗生化恐怖攻击，大楼内部空调应设置于较高的位置，以防恐怖分子由此散布药剂或病原微生物。这些都是在大楼的设计、施工阶段就必须要考虑到的构造对策。

防止大楼遭到恐怖袭击，还有另一种对策，就是从进出的人员身上下功夫。在办公大楼内引进各种各样的安保设施，防止恐怖分子侵入内部，在大楼的出入口使用监控和 IC 卡进行管制，检查出入人员，不让非相关人士进入办公大楼，同时，大厅也会设置金属探测器或爆炸物检测器等，让危险物品或是易燃易爆物无法被夹带进入大楼。除了对进出的人员进行管制，对车辆也需有相对应的监管对策，对可疑车辆，要进行严格的排查，在车辆进出口设置闸门，并且以侦察器检查之后才对其进行放行。对办公大楼进行层层分级的安保方法，并依照分级来配置安保系统。

大楼保安系统防止恐怖袭击

大楼安保系统的层层分级模式

办公大楼的安保系统极其重要，而要保障办公大楼不致遭受犯罪威胁，最有效也是最经济的方法就是以区分楼层的方式来设定安保等级，并且依据分级来配置安保系统。

层层分级模式，具体来说，就是在同一栋建筑物内部，设有外部人士出入的入口大厅、电梯等基础设备，并且要装设电子监视器或红外线感测器，配置安保人员，采用最低等级的安保设定。而一般员工所使用的办公室则会设置 IC 或 ID 读卡机来管制门禁，这属于更高一层的安保等级。对于公司最为重要的资料室或互联网服务中心等处，则采用生物特征认证系统，是安保等级中最高的区域。大楼安保系统的层层分级模式就是按照这样的层层分级，级级分管，来保障整栋办公大楼的安全。

在层层分级模式之中，尤为重要的安保设备就是门禁和监视器或感测器。比如在一些有名购物中心和旅游中心，尤其是那些楼层比较高的大厦往往就把安保等级分成多个门禁管制阶段，在各建筑物内部与四周都架设有监视器和感测器，并以光线构成互联网进行统筹管理。而出入口管制门，各公司的员工必须使用 IC 卡感应后才能开门入内，并且在此处也设置了监控器，如果出现形迹可疑的人，安保人员就会出面质询。

停车场通常在整个安保系统中处于最低等级，但在这一区域内的安保活动也是极其重要的。因为，恐怖分子也会将炸弹携带在车上，然后高速冲撞进入大楼内引爆。为了防止这种状况发生，要在发现高速行驶的车辆接近时提高警惕，在爆炸的影响范围之外拦住它。此外，在容易成为恐怖攻击目标的大楼、政府相关大楼、公共设施等处，会在停车场入口处设置车辆底盘安检系统，用以监视进出的车辆是否有被装设炸弹。

在中间等级的区域，一般会设置读卡式电子锁或是其他的密码输入器，同时采用多重监视器进行监视，不论是在安保系统的哪一等级都会设置。至于最高等级的安保区域，一般会采用严格的生物特征认证系统。

分级安保

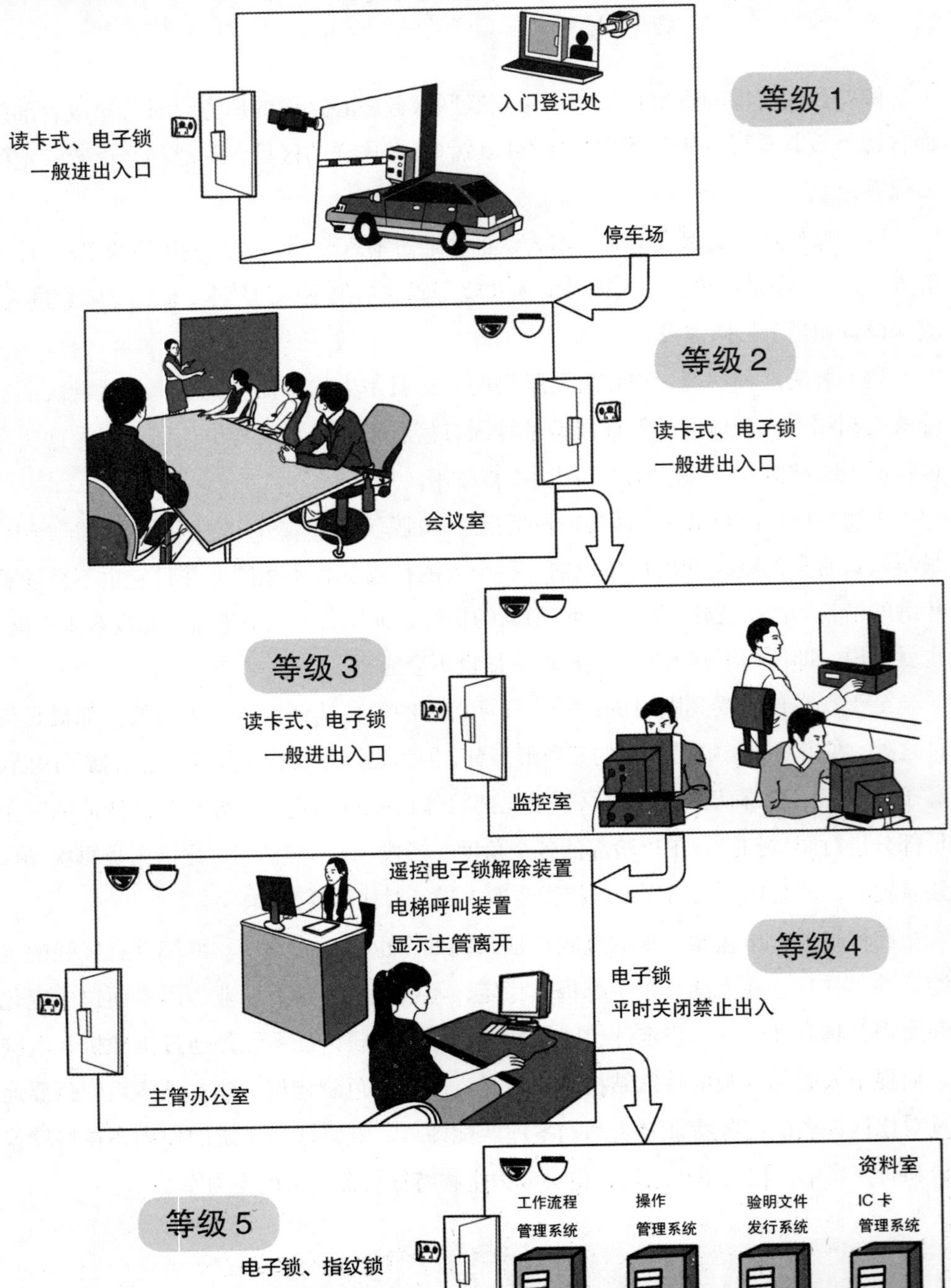
入门登记处
等级 1
读卡式、电子锁
一般进出入口
停车场
等级 2
读卡式、电子锁
一般进出入口
会议室
等级 3
读卡式、电子锁
一般进出入口
监控室
遥控电子锁解除装置
电梯呼叫装置
显示主管离开
等级 4
电子锁
平时关闭禁止出入
主管办公室
资料室
工作流程
管理系统
操作
管理系统
验明文件
发行系统
IC 卡
管理系统
等级 5
电子锁、指纹锁
平时关闭禁止出入

生物特征认证系统

像办公大楼中的资料档案室或是互联网服务中心这样的地方，对公司或者部门而言都是极其重要的资讯管理、保存区域。而在这样的区域，一般都会设置一定的安保系统。

以往操作这些安保设备时，本人认证会通过输入密码，或是使用感应ID、IC卡等方式进行。但是如果让本人以外的人知晓密码或拾到感应门禁卡，也就能随意进入，安保设备相当于形同虚设。

为了解决这种状况，现在备受瞩目的方法就是生物特征认证系统。生物认证系统就是利用本人身体上的特征或特性等固有信息来进行本人身份认证。因为这些身体特征无法被他人夺取，所以不用担心被盗用。

生物特征认证利用的身体特征包括指纹、虹膜、脸、声纹等。在生物特征认证当中，最早、最常见的就是利用指纹识别。每个人的指纹都各不相同，并且它也不会随着年龄的增长而产生变化。除此之外，最新的指纹认证设备已经引进血液浓度辨别功能，也就是说，即使切下别人的手指进行认证也不会通过。

至于现在比较受到瞩目的，就是逐渐普及的脸部认证设备。人类的脸部最具特征之处，在于双眼与嘴巴连成的三角形部分，因为是脸部特征，所以也就包括了眼睛、鼻子和嘴巴。脸部认证系统的原理是先把脸部正面的三角形部分与脸部侧面的三角形部分进行图像扫描，拍摄脸部的各个角度，形成3D图像档案，之后人员再次操作该装置时，就会把存入的样本与档案与本人进行对比认证。

在科幻电影中频频出现的虹膜认证系统如今也已成为现实。虹膜具有极强的生物活性，并且它在人的一生中都极其稳定，不会因为年龄、职业等因素而造成变化和磨损，具有唯一性、稳定性、防伪性等特点。虹膜认证系统是通过摄像机和电脑来捕捉个人眼部虹膜的特殊结构，也就是人眼中的色彩比例，建立档案后，只要通过对比认证者的虹膜特征是否和档案库匹配即可。虹膜认证系统的作用还在持续谈论和研究当中，相信不久之后，也会成为生物特征认证当中的主力军。

指纹认证原理

频率解析法

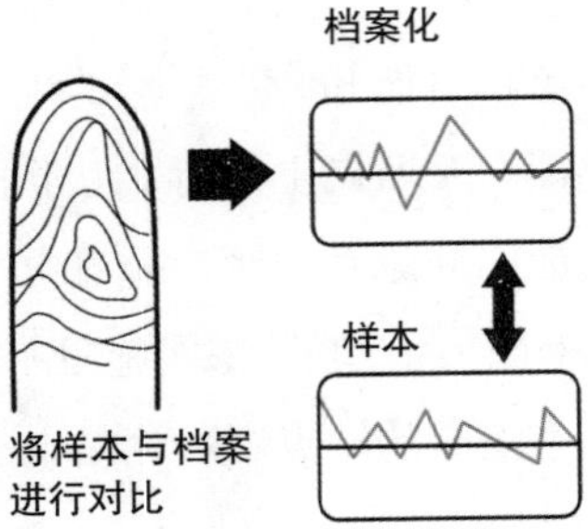

频率解析法是撷取指纹的剖面图，将指纹的凹凸与深度制成档案，然后再与样本特征进行对比

局部特征法

局部特征法是把接点与分叉点的位置归档，然后再与样本的特征进行对比

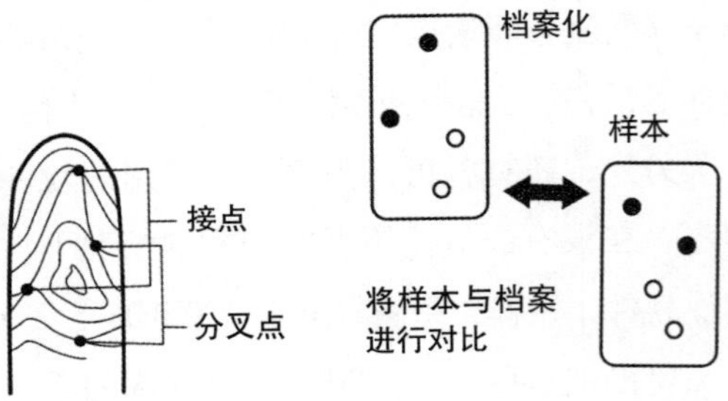

纹路比对法

纹路比对法则是直接把整个指纹进行归档，然后与样本重叠在一起进行对比

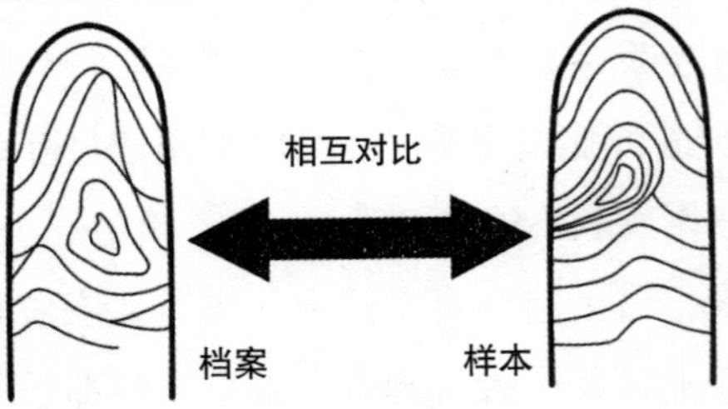

脸部认证系统原理

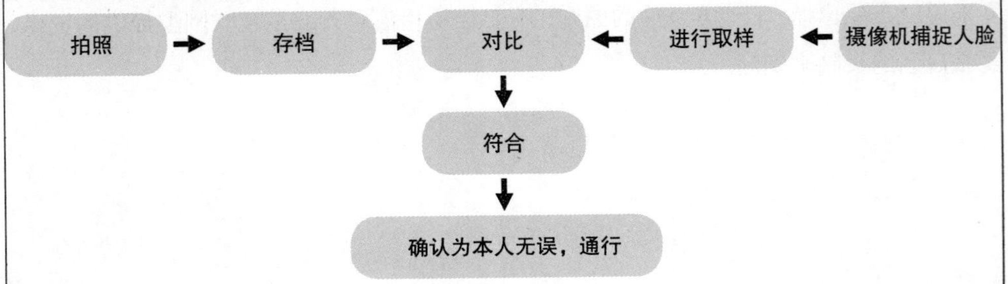

互联网安全系统

随着互联网的普及，人们早已经过上了足不出户也能知晓天下事的生活。不仅如此，物品买卖、股票交易等电子商务行为也都能在互联网上进行，互联网已经成为了我们日常生活中必不可缺的便利工具。人们能够通过互联网，靠着电子互联网商务而获取收入。正是因为如此，就有一些不法分子借此互联网来实施犯罪。

互联网有着它快捷方便的好处，也有着信息不安全的缺点。不论是电子邮件还是保存在电脑里的资料，都是可能以某种形式被人窥探。

一般来说，互联网能透过与其他电脑连接进行资料传输，而这必须经过通信程序才能完成。如果有人跳过这道程序任意连上别人的电脑，或是利用系统、软件的安全漏洞进行非法操作，就能偷窥别人家电脑里的档案，或是执行删除、变更等行为。这样的话，有可能在神不知鬼不觉的情况下，将电脑里的电子邮件或是档案等给偷走。

另外，还有些可以免费下载使用的软件，会被软件厂商在里面植入信息收集的程序，在没有经过使用者的同意的情况下，连接到电脑收集相关的信息，或是传送间谍软件，这样，资料在连上互联网时，不知不觉地就被偷走了。

要抵挡这些攻击，阻断来自外部的不安全连接，就必须使用防火墙，并且不要把重要资料一直放在电脑里面。

现在会发生在互联网上的主要犯罪行为包括有盗用他人的账号或密码、在互联网上拍卖进行虚拟交易、在交友网站透过互联网发布猥亵照片或公然陈列猥亵物、利用互联网发表不法信息等。

那么，对于这些犯罪行为，我们又该采取哪些对策呢？对于盗用密码的问题，不论是企业还是个人管理者，最重要的都是不要把账号和密码外漏给别人知道，密码应当进行定期的变更。针对不当连接，就要设定防火墙，阻断来自外部的不当连接。在互联网进行买卖时，要格外注意确认对方的身份。总之，所谓的互联网，某种程度来说就是要遵循“自行负责”的原则，不要轻易相信对方或是互联网上提供的资讯，要靠自己的头脑来判断。

透过互联网能做些什么

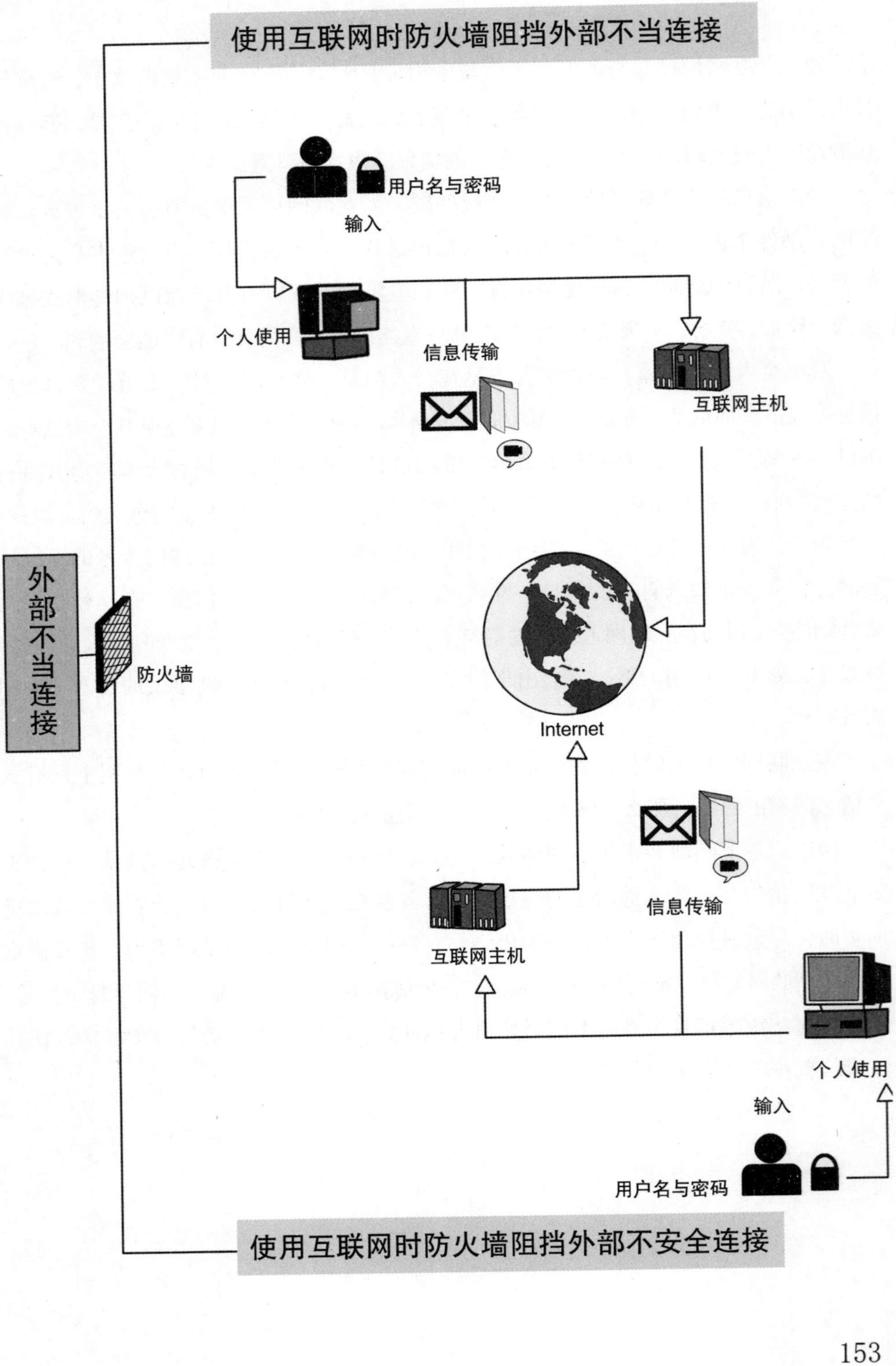
使用互联网时防火墙阻挡外部不当连接
用户名与密码
输入
个人使用
信息传输
互联网主机
外部不当连接
防火墙
Internet
信息传输
互联网主机
个人使用
输入
用户名与密码
使用互联网时防火墙阻挡外部不安全连接

1
2
3
4
5

防止个人信息泄露

如今，互联网已经与人们的生活紧密相关，无论是在社交还是购物上，互联网都展示出它方便快捷的优点，以此越来越多的人喜欢甚至依赖于它。但是，互联网环境是很不安全的，一个不小心，个人的信息就很容易泄露。

个人信息外流在许多地方都会造成问题，而互联网更是信息泄露的重灾区。就拿电子邮件来说，它是透过一种称为封包传送的方式传输资料，而封包本身是没有加密的，所以内容很容易就能被窥探。存在电脑里的资料也有可能以别种形式被人窥探、偷走。其实，只要我们让自家电脑一直连接着互联网，就有可能会遭到入侵。

对于个人信息泄露，一种情况下是在个人浏览、登录网站时，不慎泄露自己的信息，或是参加活动、点击中奖信息时感染木马病毒，从而被黑客盗取其个人信息；另外一种情况是对于一些存储有高敏感数据的计算机服务器，黑客会不断对其进行监控和扫描，分析其系统技术漏洞之后，攻击服务器，从而导致大量的个人信息泄露。

如今，大多数年轻人都有一些社交账号或是购物账号，而在这些账号的资料填写时，比如要求输入自己的住址、姓名、电话号码之类的个人信息。在这种时候就要特别注意，因为在互联网上传送的资料本身并没有加密，很有可能遭到他人的窥探，如果个人资料被盗用的话，就会出现很多问题，有的直接涉及到个人的财产安全和人身安全。

在互联网大数据时代，我们是不可能把互联网拒之门外，但在互联网上又有太多信息泄露的隐患，那么，该如何防止个人信息的泄露呢？

所以，不要随便装来历不明的软件，下载免费软件时应该去官方网站，这样以免下载到携带信息收集等功能的盗版软件。其次在使用社交账号、购物账号或浏览网页时，尽量减少留下个人信息的机会，有一些私密信息能不填就不填，还要根据不同类别的网站分配不同的密码，以防“一处泄露多处遭殃”。最后，对于身份证号、手机号这些敏感信息，平时上网时要格外地注意，不要在网上随便参加活动，比如注册信息获取赠品等。

黑客如何获取个人信息

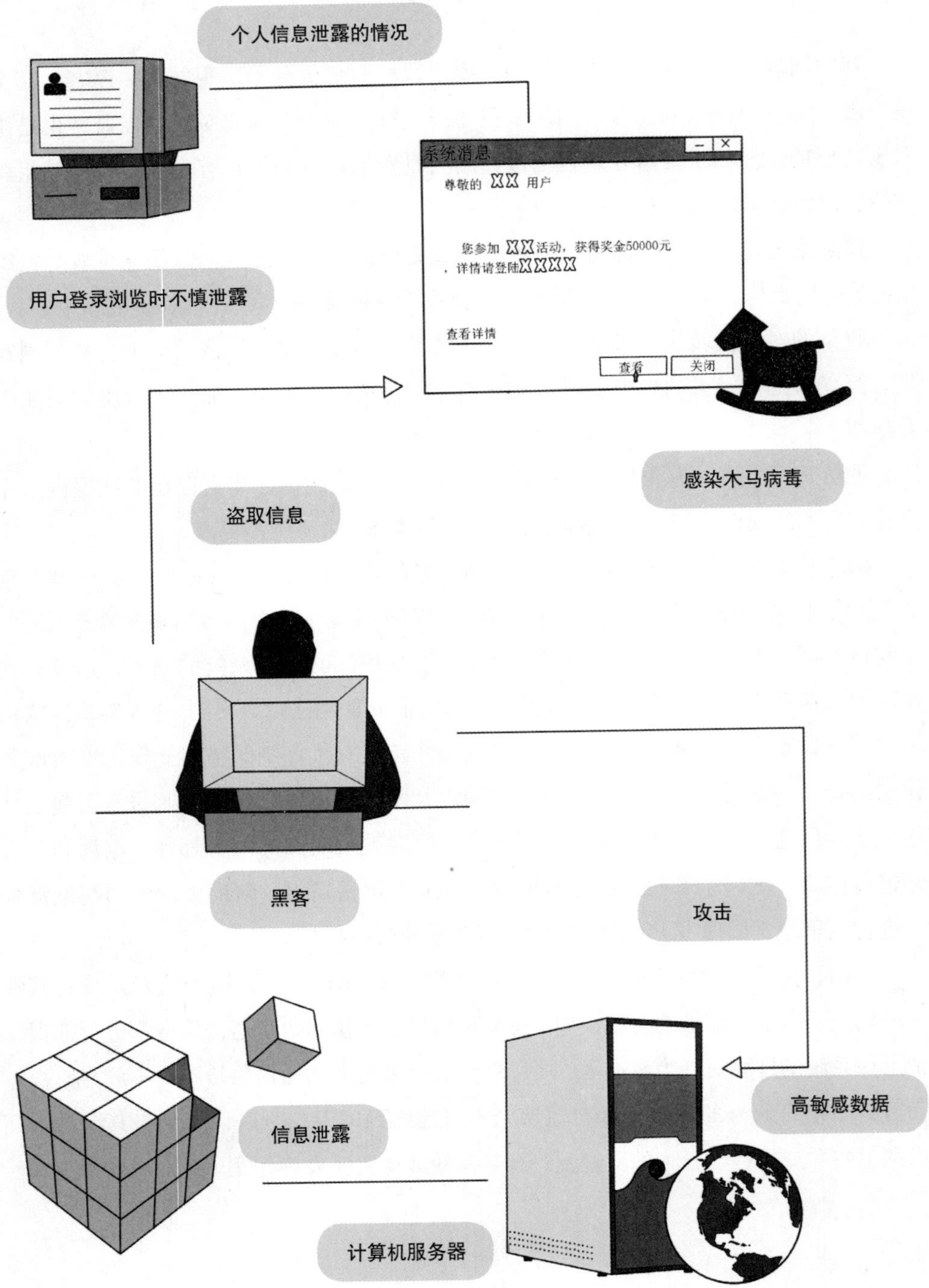
个人信息泄露的情况
系统消息
尊敬的 XX 用户
您参加 XX活动，获得奖金50000元
，详情请登陆XXXX
查看详情
查看
关闭
用户登录浏览时不慎泄露
感染木马病毒
盗取信息
黑客
攻击
高敏感数据
信息泄露
计算机服务器

梯队系统

互联网现在已经逐渐成为通信的主要手段，而恐怖分子、犯罪者、黑客，甚至是一般人都有可能会利用互联网从事犯罪或反社会活动，因此对其加以监视也是绝对有必要的。但如果要监看来自全世界的大量资讯，也必须具有世界级规模的组织才行，因此就出现了称为“梯队”的系统。

梯队系统是一个以美国为中心的情报收集分析互联网的俗称，是在冷战时组织出的导弹防御构想中的一部分，原本是一套监听卫星通信的系统，但在冷战结束之后，情报收集的对象就转换至恐怖分子、毒品走私等国际犯罪与经济活动上。参与国家是《英美防卫协定》的5个签署国，它们分别是英国、美国、加拿大、澳大利亚以及新西兰。

虽然官方一直没有正式证实梯队系统的存在，而能够证实它存在的证据也未完全得到官方的确认，但是梯队系统曾多次在许多公开来源中被提及。

梯队系统首次被曝光应该归功于英国著名的调查记者杜尔肯·坎贝尔。1988年8月，坎贝尔在英国的《新国家主人》杂志中首次披露了一个由多国联合的庞大的电子间谍互联网的存在。不过，由于坎贝尔没有提供这套间谍系统的细节，也没有提及电子间谍互联网的名称，所以并没有引起人们的特别注意。而到1996年，梯队系统的工作原理和“梯队”这一正式的名称，才首次有了详细的描述。根据这两次著作的结合，1998年1月，一份名为《对间谍技术的政治控制》的秘密报告引起了轩然大波。但这份报告是为指责美国国家安全局对整个欧洲的电子邮件、电话和传真都进行截收，然后全都收集欧洲盟国伙伴的商业绝密情报，帮助美国公司与欧洲公司进行竞争，直接损害了欧洲各国的商业贸易和政治利益及安全。

然而，梯队系统的实际能力并不像人们担心的那样可怕，因为这套系统有其致命的弱点。由于通信量的与日俱增，梯队系统已经无法对每个通信信号都进行捕捉，加上该系统的计算机的容量有限，所以将会有越来越多的通信信号不得不放弃监视，而且，对语言信号的识别技术在短期内不可能得到完善。所以，如果将其专注于互联网上犯罪或反社会行为的监视上，梯队系统才能真正发挥作用。

● “梯队”其实是安全部门

梯队系统是由美国的 NSA 在运作，图为其徽章，位于马里兰州的米得堡。NSA 是美国国防部的情报部门，主要负责收集和分析通信资料

搜索、侦察恐怖袭击的技术

一旦恐怖袭击发生以后，无论采用哪种方式应对，已经造成的损失都是无法挽回的。这么说来，如果能够在恐怖袭击发生之前就发现的话，才是反恐的最佳方法。要实现这个目标，加强情报收集与侦察是必经之路。只有搜集情报和侦察的方法，目前主要以雷达、侦察卫星、可视监视系统为主，此外反恐部门还可能对卫星通话、通信互联网进行监听。

通过雷达、侦察卫星收集情报和侦察一般是军方的策略。他们会在对恐怖分子控制区域进行监视。如果恐怖分子计划进行新的恐怖袭击，必然会出现人员调动、武器转移等情况，通过对这些情报的分析，军方就能大致得出其袭击的目标或者袭击的方式。

可视监视系统这类的小范围侦察方式则更多被警方采用。以往，恐怖分子或犯罪分子在抢劫银行、劫持人质时常蒙头蔽面或进行乔装打扮，这往往给案件侦破或者确定恐怖分子身份带来障碍。但是，近年来科学家们经过研究指出，除非经过刻意训练，人的走路姿态一般来说难以进行伪装。因此，步态有可能起到与面容类似的作用，帮助警方识别恐怖分子或犯罪分子身份。如此一来，一旦某些恐怖分子的步态信息被警方掌握，只要他们再次出现，哪怕经过伪装，通过对其步态的分析也能确定其身份。

越来越丰富的各种监视技术和手段是世界各国警方、反恐部队遏制犯罪和恐怖袭击的重要工具。虽然目前这些技术还处于萌芽阶段，但已经在发现可能的恐怖袭击、抓捕恐怖分子等方面起到了重要作用。

当然，由于技术原因，反恐部门尚不可能完全对恐怖袭击进行预测，不过配合各种先进的侦察和监视技术，并加强对机场、车站等区域的安检，很大程度上是能够预防恐怖袭击发生的。

利用军方侦察系统预防恐怖袭击

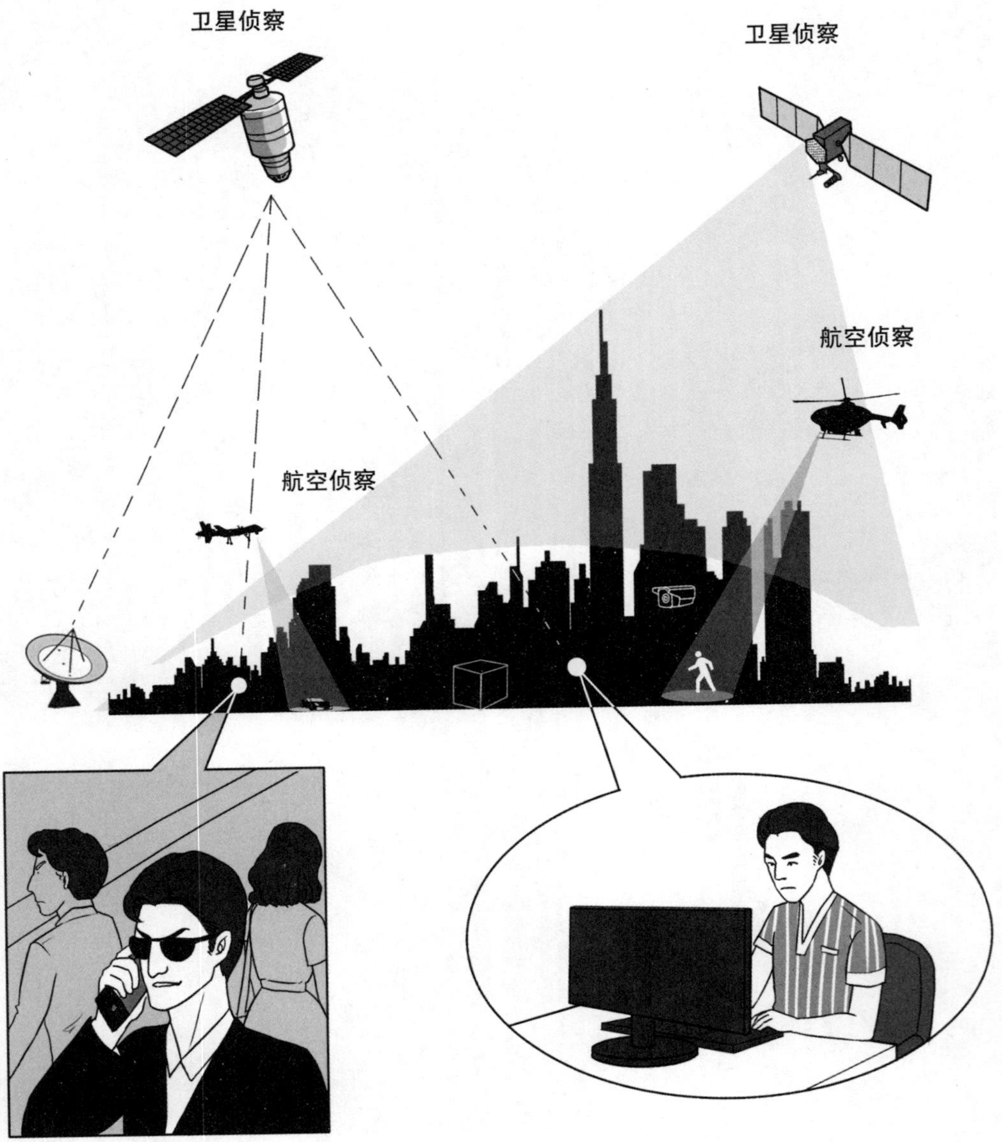

监控恐怖分子的通话和互联网是更加有效的手段，往往能获取十分准确的信息

内 容 提 要

反恐作战是军警行动中最具危险性和挑战性的任务之一，如何能够有效快速地制服恐怖分子，不仅要凭借指挥人员的精密部署，还要依赖性能优异的反恐作战装备。本书精选了国内外大量知名的现代反恐作战装备编辑成册，详细地介绍了其外形、性能、战斗力等多方面知识，给予读者更为全面地引导。各种装备适合在什么情况下使用？威力有多大？有哪些弊端？这些令人疑惑的问题，在本书中都能得到解答。本书适合广大青少年及军事爱好者阅读。

图书在版编目（CIP）数据

百科图解反恐作战装备知识 / 瀚鼎文化工作室编著. — 北京：航空工业出版社，2017.8
ISBN 978-7-5165-1274-6

Ⅰ. ①百… Ⅱ. ①瀚… Ⅲ. ①反恐怖活动－武器装备－世界－图解 Ⅳ. ①E92-64

中国版本图书馆 CIP 数据核字（2017）第 183474 号

百科图解反恐作战装备知识
Baike Tujie Fankong Zuozhan Zhuangbei Zhishi

航空工业出版社出版发行
（北京市朝阳区北苑 2 号院 100012）
发行部电话：010-84936597 010-84936343

北京世汉凌云印刷有限公司印刷
全国各地新华书店经售
2017 年 8 月第 1 版
2017 年 8 月第 1 次印刷
开本：710×1000 1/16
印张：10.5
字数：210 千字
印数：1—5000
定价：32.80 元

（凡购买本社图书，如有印装质量问题，可与发行部联系调换）

朋仔玩军事 百科图解

反恐作战装备知识

瀚鼎文化工作室◎编著

航空工业出版社
北京